AF275731

Eclipses

MONCHO NÚÑEZ

Eclipses

*Historia y ciencia de la ocultación
extemporánea del Sol*

GUADALMAZÁN

© Ramón Núñez Centella, 2026
© Talenbook, s.l., 2026

Primera edición: enero de 2026

Guadalmazán • Colección Divulgación Científica
Edición de Bibiana García Visos & Antonio Cuesta

www.editorialguadalmazan.com

Talenbook, s.l.
C/ Cervantes, 26 • 28014 • Madrid

Imprime: Gráficas La Paz
ISBN: 979-13-87941-05-5
Depósito Legal: M-26420-2025
Hecho e impreso en España - *Made and printed in Spain*

Índice

Prólogo

Pensándolo bien, resulta increíble que nos hayamos acostumbrado a que cada día el Sol se hunda tras el horizonte y su luz desaparezca para dejar paso a la noche. El espectáculo del ocaso y la llegada de la oscuridad es tan formidable que solo su puntualidad previsible, a la que nadie parece darle importancia, explican nuestra falta de asombro.

Quizá por ello los eclipses totales de Sol nos resulten tan fascinantes. Un ocaso inesperado en mitad del día, impredecible además durante buena parte de la historia de la humanidad, nos enfrenta de nuevo a la sorpresa primigenia que tanto atemorizó a unas personas como inspiró en otras el afán de saber. Moncho Núñez es un acreditado maestro en el arte de explorar las conexiones entre la sorpresa y el aprendizaje, entre la curiosidad y el descubrimiento. Por eso, nadie mejor que él para desvelar el sinuoso relato de nuestra relación con los eclipses, desde las explicaciones mitológicas de la antigüedad hasta su papel crucial en el avance de la ciencia, ya bien entrado el siglo xx.

Este empeño solo es posible porque el autor ha sido capaz de conciliar con enorme acierto dos objetivos muchas veces incompatibles. El primero, garantizar el rigor mediante un trabajo de documentación extraordinariamente minucioso, algo imprescindible en un tiempo en que los errores se inventan y propagan a mayor velocidad cuanto más fácil resulta renunciar a las fuentes de calidad. Por otra parte, ofrecer una lectura liviana en la que la narración fluye gracias al estilo impecable, el sentido del humor y las pinceladas interdisciplinares que, como pequeñas joyas, van hilvanando el destello de los eclipses en el tejido de la historia.

MARCOS PÉREZ MALDONADO
Director de los Museos Científicos de A Coruña

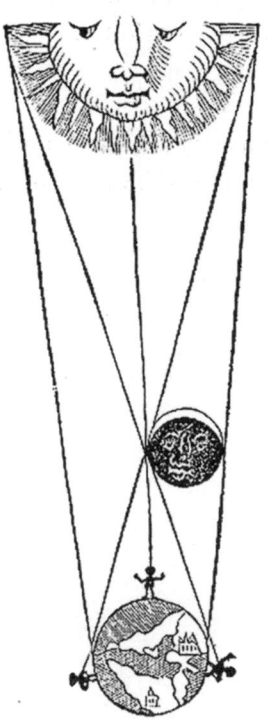

Introducción para saber de qué va todo esto

Comienzo por reconocer que yo nunca he visto un eclipse total de Sol. No es extraño, pues por término medio ese suceso puede acontecer, en un lugar aleatorio del planeta, cada 375 años (en el hemisferio norte cada 330 años, en el hemisferio sur cada 540 años). Es verdad que anualmente hay en la Tierra varios eclipses solares, pero su zona de sombra es pequeña, con lo que ya el hecho de que suceda en un país constituye algo importante, casi histórico. Por dar un ejemplo, diré que la mayor frecuencia registrada en la historia de España se dio entre el 8 de julio de 1842 y el 7 de abril de 1912; entonces, en menos de setenta años, se registraron seis eclipses totales. Pero el territorio español es mucho más amplio que la zona de sombra de esos eclipses; quiero decir, que la inmensa mayoría de mis compatriotas no se enteraron del evento, y las excursiones astronómicas para ir a presenciarlos aún no se habían popularizado. Hoy, supongo que afortunadamente, existen «umbráfilos» por doquier, y viajan para ver eclipses no solamente los astrónomos profesionales y aficionados, sino personas de todo tipo.

Tras haber leído mucho sobre el tema, estoy convencido de que esta experiencia es completamente distinta a la contemplación de un eclipse parcial, acontecimiento del que sí he sido partícipe en varias ocasiones. Pero uno total es otra cosa. Para ir directo al grano de lo que hablamos, voy a reproducir la que me parece mejor (más científica, rigurosa y actual) descripción de un eclipse de totalidad que he encontrado. Otros detalles observados (con mayor o menor objetividad) en distintos eclipses a lo largo de la historia, como los efectos meteorológicos y las respuestas de animales o vegetales, irán apareciendo en posteriores capítulos. Ahora traduzco libremente de *Totality. Eclipses of the Sun*. Mark Littmann, Fred Espenak y Ken Willcox. Oxford University Press, 2009.

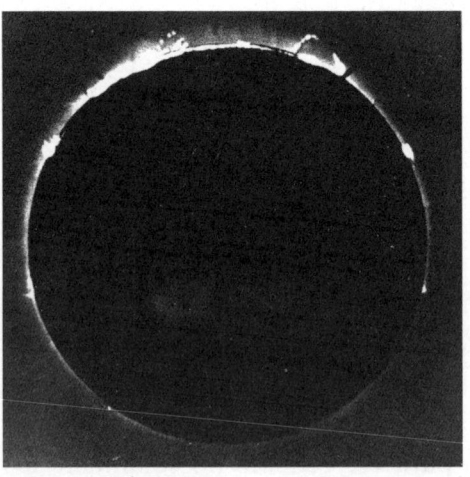

Fotografía del eclipse total de Sol del 18 de julio de 1860 captado sobre placa de colodión por el químico inglés Warren de la Rue desde la localidad de Ribavellosa, Álava [Wikimedia Commons].

La experiencia de la totalidad

Primer contacto. Aparece una pequeña muesca en el lado occidental del Sol [N.B. Aquí debo aclarar que ese lado occidental es el que está más próximo al oeste; para quienes estamos en el hemisferio norte, a la derecha. Aprovecho la ocasión para anticipar que a lo largo de todo el texto del libro las referencias astronómicas se darán para observación desde el hemisferio norte terrestre]. *El ojo no aprecia diferencia alguna en la cantidad de luz solar. Únicamente ese mordisco denota algo fuera de lo común. Pero a medida que la muesca se convierte en un surco en la faz del Sol, comienza una sensación de presentimiento. Este no será un día cualquiera.*

Aun así, todo transcurre en calma durante la primera media hora, más o menos, hasta que el Sol está cubierto en más de la mitad. Gradualmente al principio, pero luego cada vez más rápido, comienzan a suceder cosas extraordinarias. El cielo sigue estando luminoso, pero el azul es algo más apagado. A tu alrededor la luz está empezando a disminuir. Durante los siguientes diez o quince minutos, el paisaje adquiere un aspecto metálico grisáceo.

A medida que pasan los minutos, el ritmo se acelera. Cuando falta un cuarto de hora para la totalidad, el cielo del oeste está más oscuro que el del este, con independencia de donde esté el Sol en el cielo. La sombra de la Luna se aproxima.

Observadores del eclipse solar total del 29 de mayo de 1900, fotografiados en Elche [Alicante Plaza].

Tres mujeres observan el eclipse solar parcial del 8 de abril de 1921 junto a la estación de Saint-Lazare en París [Wikimedia Commons].

Incluso si nunca antes has visto un eclipse total de Sol, sabes que algo extraordinario va a suceder, que está sucediendo ahora mismo, y que va más allá de lo que es una experiencia humana normal.

Ya faltan menos de quince minutos para la totalidad. El Sol, convertido en una hoz estrecha, sigue siendo rabiosamente brillante, pero el azul del cielo ha evolucionado a un azul grisáceo o violeta. Alrededor del Sol comienza a cerrarse la oscuridad del cielo. El Sol ya no llena el firmamento con su luz.

Cinco minutos antes de la totalidad. La oscuridad en el oeste ya es muy notable y continúa cobrando fuerza, es como una figura amorfa oscura que se eleva y se extiende por el horizonte occidental. Se genera como una enorme tormenta, pero en completo silencio, sin el retumbar de truenos lejanos. Y luego la oscuridad comienza a elevarse sobre el horizonte, desvelando un crepúsculo amarillo o naranja. Los cambios se aceleran. El Sol, como una luna creciente, es ahora una franja blanca resplandeciente como la llama de un soldador. El cielo, que se oscurece, continúa cerrándose alrededor del Sol, cada vez más rápido, envolviéndolo.

Los minutos se han convertido en segundos. Se aprecia a la vista una silueta redonda de aspecto irreal. Es el borde oscuro de la Luna, enmarcado por un resplandor blanco opalescente, creando un halo alrededor del Sol oscurecido. La corona, la más llamativa e inesperada *de todas las características de un eclipse total, está surgiendo. En un borde de la Luna permanece la brillante media luna solar. Juntos semejan un celeste anillo de diamante.*

El efecto de «anillo de diamante» durante el eclipse solar total del 24 de enero de 1925, fenómeno luminoso que se produce cuando el último fragmento visible del Sol crea un destello brillante en el borde del disco lunar [Fred Goetz / Library of Congress].

De repente, los extremos de la franja luminosa del Sol se rompen en puntos individuales de luz blanca intensa —las perlas de Baily—, los últimos rayos de luz solar que pasan a través de los valles lunares más profundos. Esas perlas parpadean, durando cada una un instante, y se desvanecen mientras se forman otras nuevas. Y ahora solo queda una. Brilla por un momento, pero luego se esfuma como si fuera absorbida por un abismo.

Totalidad. Donde una vez estuvo el Sol hay un disco negro en el cielo, bordeado por el suave resplandor, blanco nacarado, de la corona. En el borde oriental del disco de la Luna se observan unas luces rojizas, pequeñas pero intensas, que contrastan con el blanco de la corona y con el disco negro que oculta el Sol. Son las protuberancias, nubes gigantes de gas caliente en la atmósfera solar, siempre son una sorpresa, cada una de ellas es única en forma y tamaño, las de hoy son diferentes de las que fueron y de las que serán.

Ya estás paralizado a la sombra de la Luna. El cielo es lo suficientemente oscuro como para ver Venus y Mercurio, y también los planetas y estrellas más brillantes que estén cerca de la posición del Sol por encima del horizonte. Pero no es la oscuridad de una noche. Si miras a tu alrededor en todas direcciones ves, más allá de la sombra donde el eclipse no es total, un inquietante crepúsculo naranja y amarillo. Esa luz, más allá de la oscuridad que te envuelve, te advierte de que todo tiene un fin.

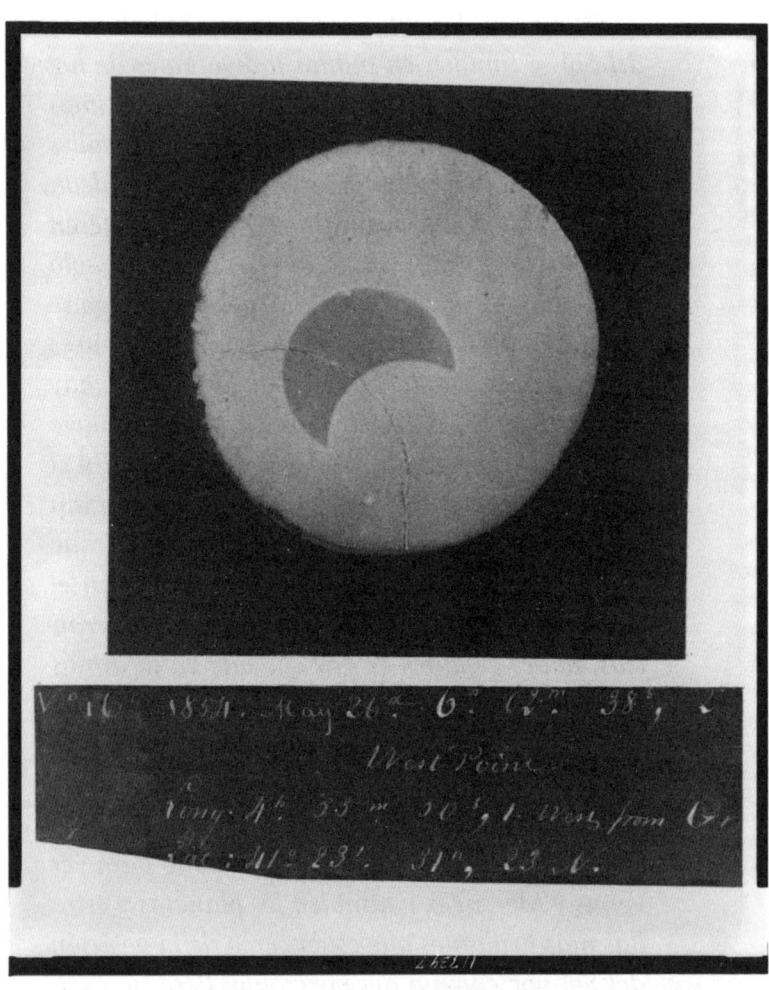

Fotografía obtenida mediante daguerrotipo del eclipse solar del 26 de mayo de 1854, captada por W.H.C. Bartlett, profesor de filosofía natural y astronomía en la Academia Militar de West Point como parte de su documentación científica del fenómeno [W.H.C. Bartlett / Library of Congress].

Ahora, en el punto medio de la totalidad, la corona se revela más claramente; su forma y dimensiones nunca son las mismas de un eclipse a otro. Únicamente el ojo puede ser testigo y hacer justicia a la corona; ese patrón único de agujas delicadas y mechones de luz que tiene lugar este día jamás se vio antes y nunca más se volverá a ver.

Pero a tu alrededor, en el horizonte, hay una advertencia de que la totalidad está llegando a su fin. El oeste se está iluminando mientras que en el este la oscuridad se oculta por el horizonte. Sobre ti hay protuberancias en el borde occidental de la Luna. Comienza a iluminarse.

De repente, la totalidad termina. Aparece un punto de luz solar. Rápidamente se le unen varias joyas más, que se fusionan otra vez en una franja del Sol creciente. La sombra oscura de la Luna se desliza silenciosamente y corre hacia el este. Es entonces cuando te preguntas: «¿Cuándo es el próximo?».

Un eclipse total de Sol es un suceso único, extraño, impresionante y sobrecogedor. Los seres humanos, desde antes de llegar a serlo y desde que los contemplaron por primera vez, se sintieron aterrorizados durante ese período de tiempo en que llegaron a pensar que nunca volvería lo que era su luz, su calor, su vida. Esos acontecimientos, junto con los cometas, que también pertenecían al mundo cósmico, que aparecían y desaparecían sin aviso previo, se interpretaron en todas las culturas del pasado como signos premonitorios de que algo (normalmente malo) estaba por llegar. Unos cuantos siglos de ciencia han aportado a la historia de estos eventos explicaciones que descartan cualquier tipo de temor, pero sin restar un ápice a la grandiosidad de su experiencia.

El rey Alfonso XIII y la familia real observan el eclipse total de Sol del 30 de agosto 1905, ilustración de Marceliano Santa María [Archivo Municipal de Burgos].

NARRACIONES CON TINTES
ROMÁNTICOS Y POÉTICOS

Cada eclipse tiene sus cronistas, y a lo largo de este libro conoceremos unos cuantos que nos han dejado relatos propios de cada época, que cuentan con ingredientes más o menos subjetivos, como vinculaciones a creencias, leyendas o mitos de diferentes culturas; a sucesos históricos, o a aspectos políticos, artísticos o literarios. Como muestra, añado aquí frases de descripciones de un eclipse total en un texto del siglo XIX, donde es inevitable pensar en la influencia del Romanticismo. Traduzco del librito *Total Eclipses of the Sun* (Boston, 1894), de Mabel Loomis Todd, donde por cierto figura la primera ilustración publicada sobre la corona solar, realizada a partir de un dibujo del español Antonio de Ulloa durante el eclipse de 1778.

El cielo azul se torna gris o púrpura apagado, oscureciéndose rápidamente, y un trance mortal se apodera de todo lo terrestre. Los pájaros, con graznidos aterrorizados, vuelan desconcertados por un instante, y luego buscan en silencio sus cuarteles nocturnos. Los murciélagos emergen sigilosamente. Flores sensibles, como la pimpinela escarlata y la mimosa africana, cierran sus delicados pétalos, y una sensación de silenciosa expectación se intensifica con la oscuridad.

Prosigue con expresiones como las siguientes: «Los grupos humanos enmudecen. Hasta el mismo aire parece contener la respiración». «Horrible, pero sublime, destaca la gloria de la incomparable corona, una luz plateada, suave y sobrenatural, con serpentinas radiantes, mientras las protuberancias rosadas y llameantes rodean el borde negro de la Luna». «Hace un frío extraño, con frecuencia se forma rocío, y el frío es quizás tanto mental como físico. De repente, instantáneo como un relámpago, una flecha de luz solar impacta el paisaje, y la Tierra cobra vida de nuevo, mientras la corona y las protuberancias se funden con el brillo que regresa».

Representación litográfica de un eclipse solar total diseñada por el astrónomo y artista científico Étienne Léopold Trouvelot, cuyas ilustraciones astronómicas detalladas sirvieron como material educativo y divulgativo en la era anterior a la astrofotografía generalizada. Estados Unidos, ca. 1881 [E.L. Trouvelot / Library of Congress].

Otras descripciones mencionan la aparición de vientos, generados por la diferencia de temperaturas entre la zona eclipsada y no eclipsada. En algún caso esa variación se describe cuantitativamente, y los registros de temperatura concretan una disminución entre 10 °C y 20 °C. Con respecto a respuestas de las plantas, algunos informes recogen que otras flores, además de las citadas en la descripción anterior, como las del género *Crocus* (azafranes), genciana o anémona, cerraban sus pétalos y los volvían a abrir al terminar el fenómeno.

En diferentes ocasiones se ha dejado testimonio de las reacciones de los animales, que en general representan confusión con la noche. Los grillos comienzan a cantar; las abejas regresan a las colmenas; las luciérnagas brillan, y las aves dejan de volar regresando a sus nidos o lugares de reposo. Por ejemplo, en el eclipse del 12 de mayo de 1706, al que más adelante nos referiremos y que fue total en el sur de España, cuentan que «los murciélagos comenzaron a dar vueltas como al comienzo de la noche, las aves (salvajes) y las palomas corrieron a posarse». En el también famoso eclipse de 1715, en Londres, se observó que los caballos que tiraban de carruajes adoptaron una posición de descanso y se negaban a caminar. En el del 29 de mayo de 1900, en Plasencia, dejaron constancia de que en el momento de la ocultación un burro comenzó a rebuznar. Los testimonios de respuestas animales, domésticos o salvajes, más o menos anecdóticos, son innumerables.

Pasando ya de lleno al relato puramente lírico —estimulado por esa prosaica referencia a la respuesta de un asno que sin duda no era ni pequeño, ni peludo, ni suave—, no me resisto a dejar aquí una cita del capítulo cuarto, el dedicado a un eclipse, en la primera edición completa de *Platero y yo* (1917), del premio nobel Juan Ramón Jiménez:

> *Nos metimos las manos en los bolsillos, sin querer, y la frente sintió el fino aleteo de la sombra fresca, igual que cuando se entra en un pinar espeso. Las gallinas se fueron recogiendo en su escalera amparada, una a una. Alrededor, el campo enlutó su verde, cual si el velo morado del altar mayor lo cobijase. Se vio, blanco, el mar lejano, y algunas estrellas lucieron, pálidas. ¡Cómo iban trocando blancura por blancura las azoteas! Los que estábamos en ellas nos gritábamos cosas de ingenio mejor o peor, pequeños y oscuros en aquel silencio reducido del eclipse.*
>
> *Mirábamos el sol con todo: con los gemelos de teatro, con el anteojo de larga vista, con una botella, con un cristal ahumado; y desde todas partes: desde el mirador, desde la escalera del corral, desde la ventana del granero, desde la cancela del patio, por sus cristales granas y azules...*
>
> *Al ocultarse el sol que, un momento antes, todo lo hacía dos, tres, cien veces más grande y mejor con sus complicaciones de luz y oro, todo, sin la transición larga del crepúsculo, lo dejaba solo y pobre, como si hubiera cambiado onzas*

primero y luego plata por cobre. Era el pueblo
como un perro chico, mohoso y ya sin cambio.
¡Qué tristes y qué pequeñas las calles, las plazas,
la torre, los caminos de los montes!

Platero parecía, allá en el corral, un burro
menos verdadero, diferente y recortado; otro
burro...

Este relato contiene detalles que invitan a pensar
que Juan Ramón Jiménez fue testigo presencial de
algún eclipse total. Sin embargo, él no lo dijo nunca
—que yo sepa—, y tampoco he podido averiguarlo.
Pero que conste que en su juventud tuvieron lugar
los llamados «tres eclipses españoles» de 1900, 1905
y 1912.

Fotografía de larga exposición que captura el movimiento aparente de las estrellas trazando arcos concéntricos alrededor de la estrella polar (Polaris, en latín), consecuencia de la rotación terrestre sobre su eje [Alirazzaq/Shutterstock].

I. UNA ENTRADA ASTRONÓMICA CON TOQUES ASTROLÓGICOS

Las personas que tienen el privilegio de poder disfrutar de un cielo nocturno libre de contaminación lumínica, o bien pueden acercarse a un planetario, saben que todas las noches podemos ver girar lentamente, alrededor de la estrella polar (en latín, Polaris), a todo el conjunto del cielo estrellado. Continuamente unos puntos de luz van saliendo por el horizonte del este mientras otros se ponen por el del oeste, pero mantienen sus posiciones relativas, por ello las llamamos estrellas fijas. Desde la antigüedad más remota los seres humanos crearon asociaciones entre grupos de estrellas próximas y se imaginaron en cada uno de aquellos conjuntos una figura y una leyenda. Así nacieron las constelaciones y sus mitos. También con el tiempo observaron que había un grupo de siete astros que tenían la facultad de moverse por libre entre esas constelaciones fijas. Por ello les llamaron planetas (del griego, *asteres planetai* = estrellas vagabundas), y dada la prodigiosa capacidad que tenían de cambiar de posición, como si tuvieran voluntad propia, les asignaron carácter divino. Hasta crearon una semana de siete días para poder dedicar cada uno a aquellos astros errantes. Por eso tenemos un lunes para la Luna, un martes para Marte, un miércoles para Mercurio, un jueves para Júpiter (*Iovis* en latín), un viernes dedicado a Venus (para los romanos *Veneris dies*), un *Saturday* para Saturno y un *Sunday* para el Sol.

Diagrama que muestra el método tradicional de orientación nocturna: trazando una línea imaginaria desde las dos estrellas frontales de la Osa Mayor (Merak y Dubhe) hacia el norte, se extiende la distancia cinco veces para localizar la estrella polar (Polaris), la estrella que marca el polo norte celeste [Artreef/Shutterstock].

LOS PLANETAS Y EL ZODÍACO

Debemos recordar que el Sol y la Luna fueron planetas hasta que en el siglo XVI el polaco Nicolás Copérnico invitó a cambiar el concepto, que —como alguien dijo— resulta ser lo importante. Pero el Sol y la Luna eran, y siguen siendo, como los demás mencionados, astros que se mueven errando por el firmamento. Ahora conviene mencionar que de todas las constelaciones que a lo largo del año están visibles en el cielo, hay algunas que podemos ver siempre, en cualquier estación; son las constelaciones circumpolares, que se llaman así porque giran alrededor de la estrella polar y nunca se ponen tras el horizonte, las más conocidas son la Osa Mayor y Casiopea. Hay constelaciones en todo el cielo, unas más grandes que otras, algunas de las cuales presentan varios motivos de interés astronómico y son muy famosas, como Orión, pero repasaremos las constelaciones que conforman el Zodíaco.

Estas constelaciones forman una franja de la cual, según la época del año en que nos encontremos, podemos ver de noche solamente algunas. Sus nombres son bien conocidos: Aries es el carnero, que desde el hemisferio norte vemos bien a partir del otoño, sobre todo en diciembre; Tauro es el toro por antonomasia, que tiene en su estrella roja Aldebarán lo que algunos imaginaron como el ojo inyectado en sangre del animal; Géminis son los gemelos (aunque hermanastros) Cástor y Pólux, visibles en invierno; Cáncer es un cangrejo sin estrellas notables, pero que los aficionados a la astronomía conocen porque ahí se encuentra el cúmulo del Pesebre (M44) que puede contemplarse con unos simples prismáticos; a continuación viene Leo, donde destaca la estrella Régulo, el reyezuelo, llamada Kalb al Asad por los árabes (el corazón del león) y que se encuentra justo sobre la eclíptica, la línea de los eclipses. La constelación de Virgo es la más grande del Zodíaco y la segunda más grande del firmamento, y su estrella más brillante es Spica, una espiga que lleva en la mano la supuesta virgen. Libra, o la balanza, visible en primavera, es la única del conjunto que no representa un animal, se trata de la excepción en este zoológico estelar que es el Zodíaco. Escorpio es un escorpión, donde destaca la estrella roja Antares, su corazón; Sagitario es un centauro

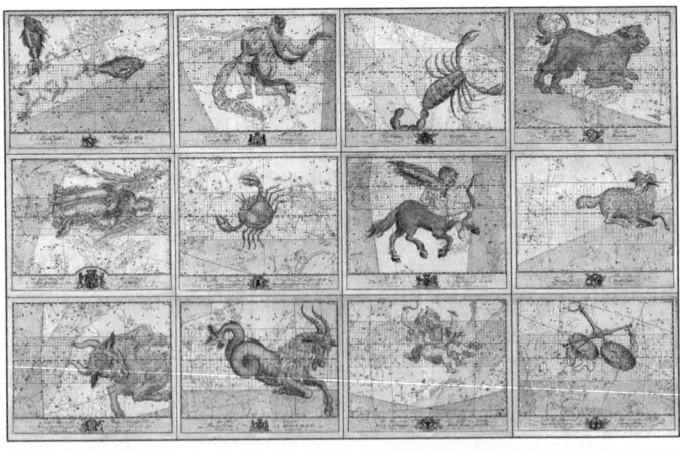

Imágenes zodiacales extraídas del libro *Uranographia Britannica*, original de John Bevis, un astrónomo aficionado que descubrió la nebulosa del Cangrejo en 1731. (De izquierda a derecha, y de arriba abajo: Piscis, Acuario, Escorpio, Leo, Virgo, Cáncer, Sagitario, Aries, Tauro [detalle en la página siguiente], Capricornio, Géminis y Libra).

arquero, muy fácil de identificar a finales del verano por su asterismo que parece una tetera; Capricornio es una especie de cabra-pez o cabra marina protagonista de varias mitologías, que puede observarse en septiembre; Acuario, el aguador, es una de las más antiguas del Zodíaco y se hizo popular en los años setenta del pasado siglo con un tema en el pacifista musical *Hair* donde se cantaba aquello de «*This is the dawning of the age of Aquarius...*», y, por fin, Piscis o los dos peces, que se imaginaron atados por un sedal, ya que representaban a Afrodita, la diosa del amor, y su hijo Eros, quienes, para escapar del monstruo Tifón, causante de fuertes vientos, se transformaron en peces y huyeron nadando atados por una cuerda. En el Zodíaco está también Ofiuco, el porta-

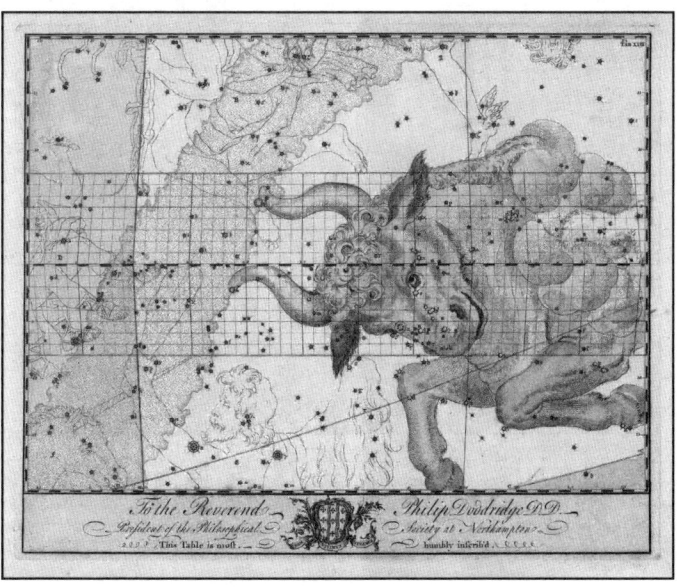

dor de la serpiente, situado entre Escorpio y Sagitario, y fue famoso cuando en 1604 el gran astrónomo y matemático alemán Johannes Kepler observó en esa constelación la aparición de una estrella nueva, que hoy conocemos como la «supernova de Kepler», de lo que dejó constancia en su libro *De Stella nova in pede Serpentarii* (*Sobre la nueva estrella en el pie de Ofiuco*), Praga, 1606. Pero el portador de la serpiente había sido borrado de la lista zodiacal, porque hace tres mil años a los babilonios les gustaba más un conjunto de doce casas que de trece. Doce es uno de los números favoritos de todas las culturas, no en vano es el que tiene más subdivisiones enteras (por 2, 3, 4 y 6).

Mapa celeste de las constelaciones de Ofiuco y la Serpiente, perteneciente al atlas estelar de John Flamsteed, primer astrónomo real de Inglaterra, cuyo catálogo cartografiado estableció un nuevo estándar de precisión en la astronomía de posición del siglo XVIII. Edición de 1776.

Acabamos de describir sucintamente un escenario, una banda celeste de constelaciones que está sobre la eclíptica, la línea imaginaria que recoge las posiciones del Sol a lo largo de todo el año y que se llama así precisamente porque en ella está nuestro astro rey en todos los eclipses. Normalmente no podemos ver de día las constelaciones del cielo, pero en las ocultaciones totales del Sol es posible ver algunas estrellas que nos sirven de referencia para recordar que siguen ahí, aunque no las veamos, y que el Sol cambia de posición entre ellas, como también lo hacen la Luna y los planetas copernicanos. Durante los eclipses totales también podemos ver algunos de ellos; Mercurio y Venus casi siempre, pues nunca se separan mucho del Sol. Los demás miembros del sistema solar podrán ser vistos durante un eclipse si entonces están en constelaciones próximas al Sol. Para ver la Tierra lo mejor normalmente es mirar hacia el suelo.

El Zodíaco es importante como sistema de referencia porque en él están siempre todos los planetas. A estas alturas de la historia ya sabemos que es debido a que los planos de las órbitas de todos son muy similares al plano de la eclíptica, que en definitiva es el que contiene la órbita terrestre alrededor del Sol. El planeta cuya órbita forma un mayor ángulo con la eclíptica es Mercurio, con una inclinación de siete grados.

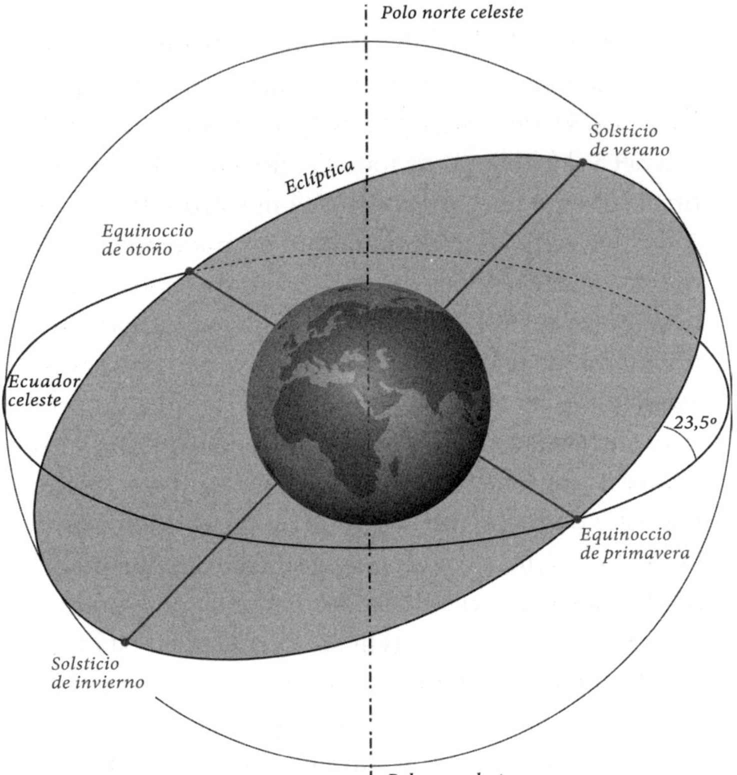

Polo norte celeste
Solsticio
de verano
Eclíptica
Equinoccio
de otoño
Ecuador
celeste
23,5º
Equinoccio
de primavera
Solsticio
de invierno
Polo sur celeste

LEO
VIRGO
GEMINIS
LIBRA
TAURO
ESCORPIO
ARIES
ECUADOR CELESTE
PISCIS
ACUARIO

Esquema de la banda zodiacal, que abraza la eclíptica, con las constelaciones por las que se mueven el Sol, la Luna y los planetas, donde en el centro se representa la Tierra. Queda reflejado que el plano de la eclíptica forma un ángulo con el del ecuador celeste, que es la prolongación imaginaria del ecuador terrestre [Zombiu/Shutterstock].

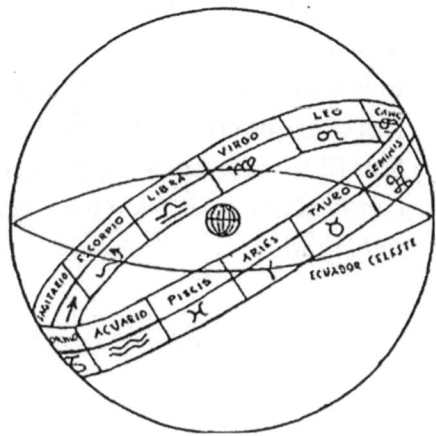

GEOMETRÍA DE LOS ECLIPSES

Eclipse es una palabra de origen griego (*ekleipsis*) que significa «desaparición», total o parcial. El hecho de que, vistos desde la Tierra, el Sol y la Luna tengan ahora un tamaño aparente similar —lo que no deja de ser pura coincidencia— hace que sean posibles las ocultaciones totales de ambos. La Luna tiene realmente un diámetro cuatrocientas veces menor que el Sol, pero está cuatrocientas veces más cerca, *grosso modo*. Debido a que la órbita de la Tierra alrededor del Sol es una elipse, y como consecuencia la distancia Tierra-Sol varía; cuando estamos más cerca (en el afelio, que es a comienzos de enero) vemos el Sol un 3 % más grande que cuando está más lejos (en el perihelio). También es elíptica la órbita lunar, pero con una excentricidad algo mayor, y asimismo varía su tamaño aparente; en el perigeo es más grande que en el apogeo (máxima distancia). En resumen, cuando vemos la Luna más pequeña que el Sol, aunque los tres astros estén alineados y centrados, no hay eclipse total de Sol, sino anular. El motivo de que tengan lugar más eclipses totales de Sol en el hemisferio norte que en el hemisferio sur (como se indicó de pasada a comienzo del capítulo anterior), es porque en el hemisferio sur el verano, que es cuando hay más horas diarias de luz y por tanto de presencia solar, tiene lugar en los meses en que el Sol allí está más grande, y la Luna no es capaz de taparlo.

Por completar esta perspectiva geométrica vista desde la Tierra, que es consecuencia del movimiento

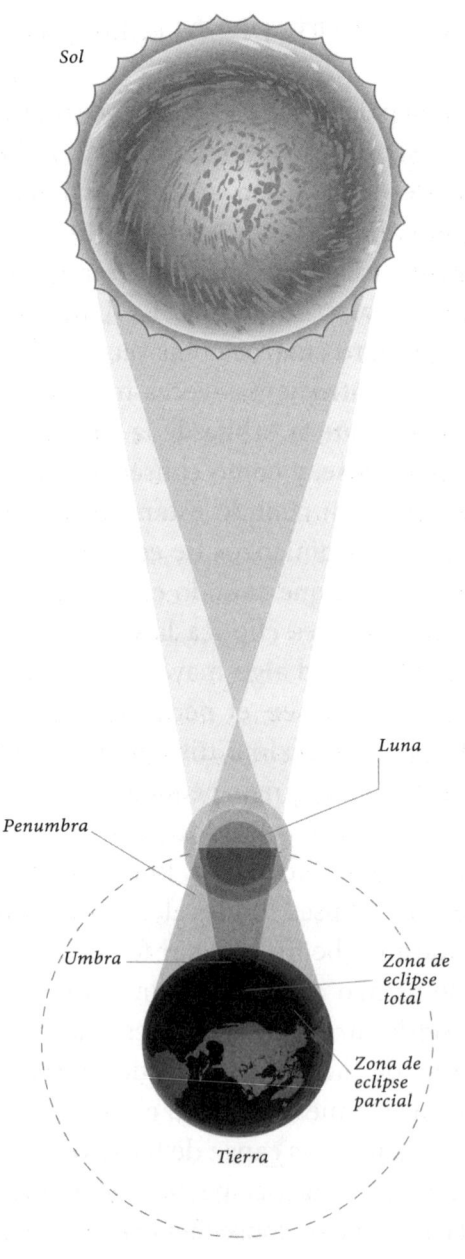

Sol

Luna

Penumbra

Umbra

Zona de eclipse total

Zona de eclipse parcial

Tierra

de los astros, digamos que, en general, cuando un cuerpo celeste se pone por delante de otro no hablamos de eclipses sino de tránsitos (si es un astro pequeño el que pasa por delante de otro mayor) y de ocultaciones (cuando es el grande quien tapa al pequeño, aunque sea una estrella). Aunque parezca una perogrullada, es obvio que el que oculta es siempre el más próximo a nosotros; lo comento porque son imposibles astronómicamente algunas banderas que incluyen una luna menguante con una o varias estrellas en la parte del disco lunar no iluminado. Aunque una zona no reciba la luz del sol, toda la Luna sigue estando ahí, más cerca de nosotros que las estrellas, y siempre ocultaría su vista.

Lo único que hace falta para que se den eclipses de Sol y de Luna es que los tres astros estén alineados (en línea recta). Si es la Tierra quien está en medio, tenemos un eclipse lunar (somos nosotros quienes impedimos que la luz del sol llegue a la Luna), y si es la Luna quien ocupa la posición central, ocurre un eclipse solar. En cuanto a la frecuencia con que se dan esas alineaciones hay que tener en cuenta que si el plano de la órbita de la Luna fuese el mismo que el de la órbita terrestre tendríamos un eclipse de Sol cada mes (coincidiendo con la luna nueva) y también habría un eclipse de Luna mensual, cada día de luna llena. O sea que en un año tendríamos unos doce o trece eclipses de Sol y otros tantos de Luna. Pero como sabemos, los planos de esas dos órbitas forman un ángulo variable, de alrededor de cinco grados. Como consecuencia, no siempre hay alineaciones y el número de eclipses no es tan alto.

Tablilla de arcilla de la serie *Mul.Apin* (*El arado*), tratado astronómico babilónico que registra las divisiones del cielo, las fechas de salida de las principales estrellas según el calendario ideal de 360 días y las constelaciones en el recorrido lunar, estableciendo las bases de la astronomía mesopotámica del primer milenio a .C. [British Museum].

FRECUENCIA Y PERIODICIDAD

Como curiosidad digamos que en un año puede haber en todo el planeta entre dos y cinco eclipses de Sol. Desde el año 1000, en la España peninsular hemos tenido un eclipse total cada cuarenta y seis años y uno anular cada cincuenta y cuatro años, pero esos valores representan una media, pues a veces vienen muy próximos, como sucedió a comienzos del siglo XX, que tras tener uno total en 1900 hubo otros en 1905 y 1912 (se hicieron famosos como «los eclipses españoles», pues era nuestro país el único de Europa donde pudieron contemplarse), y otras veces pasamos casi cien años sin que nos toque ninguno, como sucedió desde el total de 1912 al anular de 2005. En contra de lo que alguien pueda pensar, los eclipses de Luna son menos frecuentes; en un año nunca puede haber más de tres, y hasta puede ser que no haya ninguno, pero tienen la ventaja de que se pueden contemplar desde cualquier lugar de la Tierra donde la Luna esté visible.

En cuanto a su periodicidad, sabemos que civilizaciones de la Antigüedad, como los caldeos y babilonios, a fuerza de registrar todos los eventos, llegaron a ser conscientes de que había algún tipo de recurrencia, como dejaron de manifiesto con escritura cuneiforme en tablillas de arcilla. En el siglo VI a. C. registraron de ese modo todos los eclipses de Luna ocurridos durante los veintinueve años de reinado de Nabucodonosor II, histórico constructor de los jardines colgantes de Babilonia e histórico destructor del

Templo de Salomón, llevándose hebreos como cautivos a Babilonia, como saben todos los admiradores de *Nabucco* (siempre me he preguntado el origen de esa confianza que se tomó Verdi al llamar así al monarca en la ópera). Esos pueblos de Mesopotamia descubrieron un ciclo por el que los eclipses se repetían de algún modo en el tiempo. Mucho más adelante —en 1691— ese ciclo fue denominado «de Saros» por el astrónomo inglés Edmund Halley, famoso por su cometa. Un ciclo de Saros comprende 6585,32 días (18 años y unos 11 días, dependiendo de los bisiestos que toquen), al cabo de los cuales la Tierra, la Luna y el Sol vuelven a tener una posición relativa semejante, con lo que establece el período de tiempo que media entre dos eclipses de Sol o de Luna sucesivos con características similares. En cada ciclo de Saros hay alrededor de unos setenta eclipses, que por término medio serán cuarenta y uno de Sol y veintinueve de Luna. Los eclipses de Luna eran más fáciles de predecir, porque como ya se ha dicho tienen lugar en toda la Tierra; en el caso de los eclipses solares la cosa estaba más complicada, pues sabían cuándo podrían tener lugar, pero no sabían dónde.

PRIMERAS MÁQUINAS PLANETARIAS

Los antiguos griegos heredaron este conocimiento de las civilizaciones mesopotámicas, lo que permitió progresos teóricos en la cultura grecolatina. Alrededor del año 200 a. C. habían construido un tipo de artefacto, hoy llamado «mecanismo de Anticitera» (nombre de la isla griega del Egeo donde fue encontrado uno de ellos en 1901 por unos buceadores a la captura de esponjas), que les permitía predecir posiciones astronómicas y eclipses en cada ciclo de Saros. Era un complejo mecanismo de relojería, que contenía al menos treinta engranajes de bronce. Los expertos estiman que el hallado no era una pieza única y debían de existir otros artilugios semejantes. En *De re publica* (siglo I a. C.), Cicerón menciona dos máquinas diseñadas y construidas por Arquímedes, que seguramente eran mecanismos para predecir los movimientos planetarios y los eclipses. Esas dos máquinas fueron confiscadas tras la derrota de Siracusa en el 212 a. C. (y la muerte de Arquímedes) ante los romanos, al mando del general Marcelo, que las llevó para Roma. Cicerón narra una demostra-

Parte del mecanismo de Anticitera, dispositivo astronómico del siglo I a. C. capaz de predecir eclipses solares y lunares, calcular posiciones planetarias y seguir los ciclos del calendario, considerado el primer computador analógico conocido [Museo Arqueológico Nacional de Atenas].

ción que hace Cayo Sulpicio Galo —un cónsul astrónomo que había escrito un libro sobre eclipses— con uno de esos mecanismos con las siguientes palabras: «Cuando Galo movió esa esfera, ocurrió que la Luna y el Sol daban tantas vueltas en ese invento de bronce como sucedían en el cielo mismo, por lo que también en el cielo el globo solar llegó a tener el mismo desplazamiento, y la Luna llegó a encontrarse a la sombra de la Tierra, cuando el Sol estaba opuesto».

Todos sabemos que, a diferencia de los eclipses lunares, los de Sol no son visibles desde cualquier parte de nuestro planeta. El tamaño y la proximidad de la Luna hacen que el cono de sombra que genera al interponerse delante del Sol proyecte en la superficie terrestre un círculo (o bien un óvalo) de tamaño reducido (normalmente del orden de unos doscientos kilómetros de diámetro, el máximo posible es de 273 km), que es donde se quedan sin sol y contemplan el eclipse, pero como veremos puede ser mucho más pequeño, cuando la Luna está más alejada de nosotros. Este círculo de sombra total se va desplazando de oeste a este, lo que determina una banda de sombra durante todo el tiempo que dure la ocultación. A ambos lados de esta franja de eclipse total (llamada «umbra») hay una zona más amplia de eclipse u ocultación parcial (la «penumbra») cuya anchura es muy variable, pero puede abarcar hasta unos pocos miles de kilómetros. La duración del eclipse cambia en distintos puntos, siendo mayor cuanto más al centro de la umbra. La duración teóricamente más larga posible es de siete minutos y treinta y un segundos.

II. PRIMERAS CRÓNICAS DE ECLIPSES, CON MITOS Y LEYENDAS BUSCANDO EXPLICACIONES

Vaya por delante que resulta difícil establecer con un grado de seguridad aceptable cuáles son aquellos documentos antiguos en que realmente se dejó constancia de un eclipse. Tradicionalmente se asumía que el primero de ellos figura en uno de los Cinco Clásicos del confucianismo, el libro *Shujing* (libro de historia), cuya narración podría traducirse así: «El primer día del último mes del otoño, el Sol y la Luna no se unieron armoniosamente en *Fang*. Los músicos ciegos tocaban sus tambores; los oficiales subalternos y la gente común corrían de un lado para otro». La palabra *Fang* puede referirse a una constelación dentro de una de las veintiocho «mansiones lunares» que contempla la astrología china tradicional. Según expertos que han analizado el texto se correspondería con una zona del cielo que en nuestra cultura abarca partes de las constelaciones de Escorpio, Libra y Ofiuco. Aunque es extremadamente difícil la datación, se abre un abanico entre los años 2205 a. C. y 1766 a. C. (según la cronología tradicional del erudito Liu Xin), el período de reinado de la dinastía Xia, que fue la primera de la historia de China y es la referencia que se menciona en el libro. Se ha sugerido que puede corresponder a uno de los dos eclipses que hoy sabemos tuvieron lugar en los años 2136 a. C. y 2128 a. C., y fueron visibles allí.

Otros análisis de ese relato que datan de finales del siglo XIX, como el publicado en la revista *The Observatory* (1895), concretan que en el mes de *gengwu* (el mes noveno) del quinto año del mandato de Zhong Kang, cuarto emperador de la dinastía Xia, tuvo lugar un eclipse solar que le costó la vida a los dos astrólogos imperiales. Su negligencia consistió en que no supieron prevenirlo y les pilló por sorpresa, lo que causó gran enfado del emperador, al no poder realizar las ceremonias que el suceso exigía. Esos ritos incluían tanto el lanzamiento de flechas como hacer retumbar los tambores y gongs para ayudar a liberar al Sol del dragón que lo amenazaba; al parecer esas prácticas eran eficaces, pues el Sol volvía a lucir, con lo que no debe extrañarnos que la tradición perdurara. Los astrólogos eran los responsables de la organización de todo aquello, y no lo hicieron porque parece ser que habían bebido demasiado. Menos mal que el pueblo se apresuró a tomar las medidas de rigor, consiguiendo que retornara el Sol. Aquellos infelices, de nombres Hó y Hí (o bien Ho y Hsi), que han pasado a la historia como «los astrólogos borrachos», fueron condenados a muerte y decapitados, lo que creo constituyó un castigo excesivo, porque al fin y al cabo aquel eclipse era parcial y fue pasajero. Este acontecimiento habría tenido lugar el 22 de octubre de 2136 a. C., dicho sea con todas las reservas, y haciendo constar que numerosos expertos consideran que lo que acabo de referir no es más que una leyenda, que como suele suceder tiene diversas variantes.

UN SOL QUE ESTÁ PARA COMERSE

Debemos recordar que todas las civilizaciones antiguas buscaban explicaciones mágicas para los fenómenos asombrosos, en particular para aquellos que les infundían temor, para algo que resultaba inquietante, dramático, inesperado y hasta parecía sobrenatural; la imagen de un sol que paulatinamente iba perdiendo «bocados», como si se tratara de una torta de aceite, era demasiado alarmante. Los chinos pensaban que era un dragón/monstruo quien intentaba devorarlo (en el idioma chino arcaico la palabra para designar un eclipse es *shih*, que significa «comer»). Para los antiguos egipcios la mala del cuento era la serpiente gigante Apofis, representante de la oscuridad y el caos, por supuesto enemiga de Ra (el dios Sol, símbolo de la vida), pero en este caso, afortunadamente, tras ser devorado el Sol, aparecía uno nuevo que era reencarnación del antiguo. En la mitología hindú es un dragón/demonio quien comienza los conflictos, pero lo más frecuente es que sea un animal quien protagonice la contienda/festín tratando de comer al Sol: en Vietnam era un sapo gigante; en los países escandinavos dos lobos enormes; en la pampa argentina era un jaguar, y así sucesivamente.

Ilustración alquímica *El león verde (leo viridis) devorando al Sol*, representación simbólica del proceso de disolución y transformación de la materia prima en la tradición hermética europea, donde los eclipses y el oscurecimiento solar se interpretaban como metáforas de las operaciones químicas de putrefacción y regeneración [*Alchemical & Rosicrucian compendium*, ca. 1760].

Como contraste, es muy curioso el caso de los esquimales, que explican el suceso como una unión amorosa de los hermanos Padli (la Luna) y Amarok (el Sol) que, tras casarse sin saber que eran hermanos, se comen —digo yo— a besos. Para estos inuit los encuentros de Padli y Amarok nunca fueron motivo de miedo; la palabra que utilizan para eclipse es *pulamawyuk*, que literalmente significa «uno dentro del otro». También son dignas de mencionar a este respecto las tradiciones de los aborígenes australianos, que se han conservado hasta un pasado no muy lejano. En la mayoría de ellas el Sol es femenino y la Luna es masculina, y según alguno de aquellos pueblos, cuando tiene lugar un eclipse se trata de una cópula amorosa.

LEYENDAS Y SUPERSTICIONES QUE PERVIVEN

Las leyendas han permanecido durante siglos, y también las supersticiones, de las que no merece la pena enunciar muchas, pues casi todas son semejantes e implican algo lamentable; en resumen, un eclipse es el anuncio de que algo malo va a suceder. La creencia más extendida era que afectaba a los embarazos en las mujeres causando malformaciones del feto, como el labio leporino o manchas en la piel; y hasta hace no mucho en Italia la tradición mantenía que las embarazadas no salieran a la calle durante un eclipse. Una de las que creo más simpáticas es que si alguien tenía una verruga y otra persona soplaba en ella durante un eclipse, la verruga desaparecería.

En todas las culturas se ejecutaban ritos para contrarrestar el supuesto efecto dañino de los eclipses, y con ellos conseguían revertir la situación. Ya está mencionado que los chinos lanzaban flechas y hacían ruido con tambores y gongs, pero también los aborígenes australianos tenían un chamán que lanzaba piedras sagradas y bumeranes al aire, donde se supone estaba el demonio causante del estropicio. Tradiciones similares se daban en muchos pueblos indígenas de América. Lo más dramático que he leído es que los mexicas tenían para la ocasión rituales singulares, como el sacrificio de personas albinas, por su supuesta semejanza con el Sol.

ECLIPSES EN LA HISTORIA ANTIGUA

Dejando a un lado el relato referido de los «astrólogos borrachos», con abundantes elementos para que sea considerado una leyenda, el eclipse solar más antiguo registrado tuvo lugar, probablemente (ese adverbio va porque es imprescindible curarse en salud), el día 21 de enero de 1192 a. C. Eso se concluye de la interpretación de la fecha grabada con escritura cuneiforme en una tablilla de arcilla que se encontró en la antigua ciudad de Ugarit, en la costa de la actual Siria. Su traducción más aceptada dice lo siguiente: «En el día de la luna nueva, en el mes de *hiyar*, el Sol fue avergonzado y se oscureció durante el día, con Marte a su lado». La constatación de la realidad de este eclipse resultaría de utilidad para realizar dataciones en los finales de la Edad del Bronce (aproximadamente desde 3300 a. C. hasta 1200 a. C.). Hay otros expertos que proponen para el mismo las fechas del 3 de mayo de 1375 a. C. o bien el 5 de marzo de 1223 a. C.

En la cultura occidental, la primera referencia a un eclipse la encontramos en la *Odisea*, donde Homero en el siglo VIII a. C. escribió esto: «... y el Sol ha desaparecido del cielo, y una niebla maligna se cierne sobre todo». Algunos expertos han asociado esa frase a un eclipse visible en las islas jónicas que tuvo lugar el 11 de abril de 1178 a. C., diez años después de que hubiera finalizado la guerra de Troya. Es entonces cuando Ulises regresa a Ítaca para matar a los 108 pretendientes de su esposa Penélope, lo que el héroe legendario consiguió en ese mismo día —nefasto para todos ellos— con ayuda de su hijo Telémaco y dos sirvientes. De ser así, la caída de Troya habría ocurrido en 1188 a. C., si bien la fecha más aceptada por los historiadores es 1190 a. C. Pero debemos recordar que el relato de Homero no es historia.

En otro de los Cinco Clásicos atribuidos al filósofo chino Confucio (552-479 a. C.), en el libro *Chunqiu* (anales de primavera y otoño), se recogen menciones de treinta y seis eclipses solares ocurridos en China entre los años 720 a. C. y 495 a. C., y en otro de ellos, el *Shijing* (libro de las odas), refiriéndose a dos eclipses que se sucedieron en 735 a. C., se cita un texto cuya poesía encierra una cierta ingenuidad: «El Sol se eclipsó, algo de muy mal agüero. Primero la Luna se hizo pequeña, y ahora el Sol se hizo pequeño (...) que la Luna se eclipse es algo corriente, pero que el Sol se haya eclipsado, ¡es terrible!».

El registro más antiguo de un eclipse total de Sol en todas las culturas corresponde seguramente a uno ocurrido en China el 17 de julio de 709 a. C. que puede referirse al recogido en el *Chunqiu* con este texto: «Tercer año, séptimo mes, primer día. El Sol fue eclipsado y fue total». Otra referencia a ese mismo evento aparece siglos después en el libro *Historia de la antigua dinastía Han* (siglo I d. C.): «el eclipse pasó centralmente a través del Sol; arriba y abajo era amarillo». Los escritos chinos anteriores que se refieren a eclipses lo hacen sin mencionar la totalidad. Todas las culturas han apreciado notablemente la diferencia entre eclipses parciales y totales. Bastantes siglos más tarde, en tiempos de la Dinastía Chin, se razonaba sobre un

Relieve del jaguar solar en la plaza del Jaguar de Teotenango, representando la creencia mesoamericana del felino que devora al Sol durante los eclipses y sosteniendo un motivo circular que parece mostrar la mordida del animal, tallado durante la construcción de la plataforma ceremonial. Teotenango, Estado de México, 750-900 d. C. [R. Heyworth].

Representación de un eclipse solar en el *Códice borbónico*, ilustrando la creencia nahúatl del eclipse como amenaza cósmica que requería rituales de protección. México, siglo XVI [Biblioteca de la Asamblea Nacional de Francia].

eclipse ocurrido el año 360 d. C.: «Era casi total (...) cuando un eclipse cubre una porción pequeña (...) la calamidad que le sigue es pequeña, pero cuando se oculta una gran parte (...) las consecuencias serán más serias». Los chinos registraron fechas de los eclipses solares en huesos de animales desde el siglo VIII a. C., pero no fueron capaces de realizar predicciones hasta el siglo III o IV de nuestra era.

LOS ECLIPSES EN LA AMÉRICA PRECOLOMBINA

Los mayas, que habitaban México y Centroamérica desde el 2000 a. C., registraron sus observaciones astronómicas en libros. Uno de ellos es el célebre *Códice de Dresde*, originario de la región de Chichén Itzá, que se denomina así por conservarse en la Biblioteca del Estado de Sajonia, en Dresde (Alemania), y se cree que llegó a Europa como regalo de Hernán Cortés a Carlos I. Se trata de un manuscrito precolombino que data de la primera mitad del siglo XIII y es copia de otro que fue escrito cuatrocientos años antes; en él queda evidente que los mayas podían predecir la posibilidad de eclipses de Sol y de Luna considerando el intervalo entre sus apariciones. El *Códice de Dresde*, del que se conservan setenta y ocho páginas, contiene tablas y almanaques relativos a posiciones de planetas, y en ocho de ellas hay diferentes ilustraciones sobre eclipses. Una tabla registra sesenta y nueve intervalos de 177 o 148 días en relación con eclipses de Sol y de Luna. Distintos investigadores discrepan sobre si se trata de la predicción de eclipses o del registro de los mismos, y también se debate sobre si concierne a eclipses de Sol o de Luna.

Las referencias a sacrificios humanos se encuentran en el *Códice florentino*, del franciscano Bernardino de Sahagún, versionado con el título de *Historia general de las cosas de Nueva España* entre 1540 y 1585. En el libro séptimo, que trata «de la astrología y filosofía natural que alcanzaron estos naturales de esta Nueva España», con respecto a la vivencia de un eclipse por los aztecas, se narra lo siguiente:

> *Cuando se eclipsa el Sol párase colorado; parece que se desasosiega o se turba el Sol; o se remece o revuelve, y amarillécese mucho. Cuando esto ve la gente, luego se alborota y tómales gran temor. Y luego las mujeres lloran a voces, y los hombres dan grita, hiriendo las bocas con la mano. Y en todas partes se daban grandes voces y gritos y alaridos. Y luego buscaban hombres de cabellos blancos y caras blancas y los sacrificaban al Sol. Y también sacrificaban captivos y se untaban con la sangre de las orejas; y también agujeraban las orejas con puntas de maguey, y pasaban mimbres o cosa semejante por los agujeros que las puntas habían hecho. Y luego par todos los templos cantaban y tañían, haciendo gran ruido. Y decían: «Si del todo se acaba de eclipsar el Sol, nunca más alumbrará. Ponerse han perpetuas tinieblas, y descenderán las demonios. Vendránnos a comer».*

Representación de un eclipse en el libro séptimo del *Códice florentino*, obra enciclopédica sobre la cultura náhuatl compilada por autores y artistas indígenas bajo la dirección del fraile franciscano Bernardino de Sahagún, 1577. [Biblioteca Medicea Laurenziana, Florencia].

Para las culturas precolombinas todo lo que tenía lugar en el mundo terrestre estaba en relación con algo que sucedía en el cielo. Era una conexión simbólica y mitológica, pero que estaba basada en observaciones astronómicas de primera categoría. Si los mayas predecían que habría posibilidad de un eclipse, concluían que tenían que prepararse para una guerra, que en definitiva era para ellos lo que supondría el enfrentamiento del Sol y la Luna. En lengua nahua, propia de la Amazonia peruana, un eclipse se describía como *Tonatiuh qualo* (el Sol es comido), y en maya era *Pa'al K'in* (Sol roto). En definitiva, el Sol era la víctima.

Al igual que los asirios y babilonios, los mayas podían predecir la posibilidad de eclipses (parece que los aztecas no heredaron esos conocimientos), aunque no supieran explicarlos y siguieran adelante con sus mitos y leyendas, como por otra parte continuaron todos los demás pueblos del mundo, dejaran o no documentos escritos sobre el tema.

TESTIMONIOS EN LA BIBLIA Y
CULTURAS DE ORIENTE MEDIO

Los eclipses también están presentes en el Antiguo Testamento. En el libro de Amós (8:9) leemos: «Acontecerá en aquel día, dice Jehová el Señor, que haré que se ponga el Sol a mediodía, y cubriré de tinieblas la Tierra en el día claro». Actualmente se cree que la referencia que pudo tener el profeta para ello fue el eclipse del 15 de junio de 763 a. C., conocido como «eclipse de Bur Sagale» y también como «eclipse asirio», que fue visible en la ciudad de Nínive, capital de Asiria, al norte de Mesopotamia, poco antes del mediodía. Se ha especulado que ocurrió aproximadamente cuando el profeta Jonás llegó a Nínive (por cierto, después de haber sido devorado

Miniatura iluminada que representa la creación del Sol y la Luna por Dios el cuarto día del Génesis, perteneciente a la *Bible historiale de Guyart des Moulins*, traducción francesa comentada de la Biblia ampliamente difundida en la nobleza europea bajomedieval. Ca. 1420 [British Library, Londres].

y regurgitado por una ballena), e instó a los ninivitas a arrepentirse de sus maldades, pues de lo contrario la ciudad sería destruida. Es la fuerte impresión ante el eclipse lo que explicaría la extraña conversión del pueblo de Nínive, como se describe en el Libro de Jonás. Hay otras referencias bíblicas, si bien no son tan explícitas; por ejemplo, el Libro del profeta Isaías (13:10) dice: «Por lo cual las estrellas de los cielos y sus luceros no darán su luz; y el Sol se oscurecerá al nacer, y la Luna no dará su resplandor». Ya en el Nuevo Testamento, en el Libro de los Hechos de los Apóstoles se refiere el discurso de Pedro el día de Pentecostés (2:20), que recoge una profecía de Joel sobre el fin de los tiempos (2:31-32): «El Sol se convertirá en tinieblas, y la Luna en sangre, antes de que venga el día del Señor, grande y glorioso». De nuevo, vemos que se trata de tomar los eclipses de Sol y de Luna como augurios amenazantes, y constatamos otra vez que, en gran parte de las culturas primitivas, los eclipses se interpretaban como una manifestación o expresión proveniente de la divinidad.

Un siglo después de ese eclipse asirio, en Babilonia (al sur de Mesopotamia), tuvo lugar otro el 27 de mayo de 669 a. C., en que el Sol amaneció por el horizonte cuando ya había comenzado la ocultación. Hubo discrepancias entre dos consejeros del rey Asarhaddón sobre los augurios y las posibles medidas a tomar. Mientras Akkullanu decía que no había que hacer nada, Rasil el Viejo le anunció que habría un cambio de reinado antes de cinco años. Asarhaddón había conquistado Egipto dos años antes, era rey de

Asiria y Babilonia, rey de los reyes de Egipto, pero tenía problemas mentales (era paranoico y depresivo), y decidió hacerle caso a Rasil. Su decisión fue realizar un ritual, el mismo que usaban para los eclipses de Luna, que consistía en tener un «rey ficticio», y pasar con ese suplente los efectos del eclipse. Asarhaddón tendría un sustituto (normalmente era un criminal convicto o un enemigo político), sobre el que se suponía recaerían los malos augurios, mientras que el rey sería un campesino más. Transcurrido el tiempo de unas semanas requerido por el ritual, el rey sustituto fue ejecutado, permitiendo a Asarhaddón volver al trono, una vez pasada la temible influencia.

De ese mismo eclipse, que llegó a ser del 90 %, en Qufu, la capital del estado chino de Lu, donde más tarde nacería Confucio, quedó constancia en el mencionado clásico *Los anales de primavera y otoño*. Cuenta que en aquella ocasión se «hicieron sonar los tambores y se sacrificaron bueyes en el templo».

Fragmento del volumen 2 del rollo manuscrito del estudio crítico *Los anales de primavera y otoño*, obra de exégesis confuciana de la dinastía Tang que recopila comentarios sobre las crónicas históricas del período de primavera y otoño (722-481 a.C.). China, siglos VII-VIII. [Museo Fujii Saiseikai Yurinkan, Kioto].

EN LA GRECIA CLÁSICA DESTACA, SOBRE TODOS, EL LLAMADO ECLIPSE DE TALES

Por Grecia las cosas eran semejantes. En un escrito de Arquíloco de Paros (siglo VII a. C.) se dice:

> *Ya nada puede ser sorprendente, imposible ni milagroso, ahora que Zeus, padre de los olímpicos, ha convertido el mediodía en noche, ocultando la brillante luz del sol, y (...) el miedo se ha apoderado de la humanidad. Después de esto, los hombres pueden creer cualquier cosa, esperar cualquier cosa. Que nadie se sorprenda si en el futuro las bestias terrestres cambian su lugar con los delfines y se van a vivir a sus pastos salados, y llegan a apreciar más las sonoras olas del mar que la tierra, mientras que los delfines prefieren las montañas.*

Los expertos afirman que Arquíloco puede referirse al eclipse que tuvo lugar el 6 de abril de 648 a. C., que fue total a las diez de la mañana al norte del mar Egeo.

Otro eclipse célebre de la Antigüedad —quizás el más famoso— tuvo lugar el 28 de mayo de 585 a. C. y fue referido por el historiador griego Heródoto de Halicarnaso. Su interés radica en que según él, que escribió 150 años después de los hechos, ese eclipse fue predicho por el gran filósofo Tales de Mileto (624-546 a. C.), cosa que dudan numerosos expertos. Creo obligatorio añadir al respecto que el historiador de filosofía Diógenes Laercio, que ya escribió en el siglo

III de nuestra era, afirma que el poeta Jenófanes de Colofón, que fue durante años contemporáneo de Tales, estaba impresionado por el cumplimiento de esa predicción, y también atribuye testimonios satisfactorios sobre la predicción de Tales a Heráclito de Éfeso (el llamado filósofo llorón, el de «todo fluye») y a Demócrito de Abdera (el filósofo risueño, el inventor de los átomos), si bien estos dos presocráticos son posteriores a Tales. Por si teníamos alguna duda, ya en el mundo romano, Cicerón (en *De divinatione*, 44 a. C.) menciona que Tales fue el primer hombre en predecir un eclipse, y Plinio el Viejo, en su *Historia Natural* (79 d. C.), afirma que Tales había predicho un eclipse de Sol durante el reinado de Alíates en Lidia. O sea, que la afirmación de Heródoto tuvo amplio eco, quizás por el gran prestigio de Tales, el más importante de los filósofos presocráticos, el primero en tratar de aportar racionalidad a la comprensión del mundo.

Aunque sea de pasada, al citar a Plinio creo imprescindible referir el modo en que él explica los eclipses en la mencionada *Historia Natural*. Dice: «Efectivamente, es cierto que el Sol se eclipsa por la intercalación de la Luna, la Luna por la interposición de la Tierra, y ambos eclipses son equivalentes, ya que con su respectiva inserción la Luna quita a la Tierra (y la Tierra a la Luna) los mismos rayos de sol».

El eclipse contado por Heródoto, que a veces es citado como «el eclipse de Tales», es de destacar también porque sirve para poner fecha a un importante acontecimiento histórico, como lo fue la batalla del río Halis en Anatolia, entre los ejércitos de los medos y los lidios, que por cierto ha terminado llamándose «la batalla del eclipse». He aquí el texto de Heródoto (*Los nueve libros de la historia*, Libro I, LXXIV):

> *Como la balanza no se había inclinado a favor de ninguna de las dos naciones, se produjo otro combate en el sexto año, durante el cual, justo cuando la batalla se intensificaba, el día se transformó repentinamente en noche. Este acontecimiento había sido predicho por Tales, el milesio, quien previno a los jonios, fijando el año exacto en que realmente tuvo lugar. Los medos y los lidios, al observar la transformación, cesaron la lucha y ansiaban llegar a un acuerdo de paz.*

Por mi parte hago constar que, como parte de los términos de esa pacificación, la princesa lidia Arienis, hija del rey Alíates, se casaría con Astiages, hijo del rey de los medos Ciáxares; además, el río Halis (hoy río Kizilirmak, en Turquía) fue declarado entonces frontera entre aquellas dos naciones.

Como se ha indicado, actualmente se fija la fecha de este eclipse en el 28 de mayo de 585 a. C. Un hecho más discutido es si Tales realmente hizo tal predicción. Debe precisarse que él había nacido en Mileto, una ciudad de Jonia, con lo cual parece lógico que hubiera anunciado el evento a los suyos, pero el eclipse fue total en Lidia, no en Jonia, con lo que para los jonios no sería una predicción de tanta relevancia. En cualquier caso, Tales podría conocer la periodici-

Grabado que ilustra el eclipse solar del 28 de mayo de 585 a. C. durante la batalla entre medos y lidios, cuyo oscurecimiento repentino detuvo el combate y forzó un tratado de paz, según el relato de Heródoto, siendo uno de los primeros eclipses históricamente datados y atribuido a la predicción del filósofo Tales de Mileto [J. Berkowski/ Wikimedia Commons].

dad de los Saros y haber realizado la predicción tal como refiere Heródoto; si es así, se trataría del primer eclipse de la historia que fue anunciado con anterioridad. Llama la atención el que Heródoto refiere que Tales pudo predecir el «año exacto» del eclipse, cuando el ciclo de Saros le habría permitido establecer el día (lo que él no podía predecir era el lugar en donde el eclipse sería total, y no creo que le sonara la flauta por casualidad). El célebre divulgador Isaac Asimov dijo de esta batalla que es el evento más antiguo cuya fecha se conoce con precisión, y sugiere que aquella en la que se cumple la predicción de Tales (al comienzo de este párrafo) se considere como la del «nacimiento de la ciencia». Para terminar, añadiré que la asociación de eclipses con batallas es algo recurrente, y por ejemplo encontramos otros relatos que lo hacen en la *Anábasis* de Jenofonte, en la *Historia de la guerra del Peloponeso* de Tucídides y en otros historiadores clásicos, tanto griegos como romanos.

EL MUNDO ROMANO

La necesidad de conexión entre los eclipses y sucesos extraordinarios continúa presente. En sus *Geórgicas,* el poeta latino Publio Virgilio Marón, contemporáneo de Julio César, escribe con respecto a la muerte de este en el año 44 a. C.: «El Sol nos avisa también muchas veces de la inminencia de perturbaciones secretas, de que se están fraguando traiciones y guerras en la sombra. Él (el Sol) fue quien, compadecido de Roma a la muerte de César, cubrió su brillante cabeza de oscura herrumbre, y las generaciones impías temieron una noche eterna». A su vez, ya en nuestra era, el historiador Plutarco, en sus *Vidas paralelas*, escritas entre 96 d. C. y el 117 d. C., incluye la de Lucius Aemilius Paulus, un destacado cónsul que luchó en la tercera guerra macedónica, y que (según Ptolomeo) era oriundo de Attacum (Ateca, Zaragoza). En ella Plutarco narra un eclipse lunar:

> *Al hacerse de noche, y cuando después de cenar se iban a dormir y descansar, la Luna, que estaba en plenitud y bien descubierta, empezó de pronto a enrojecerse, desfalleciendo su luz y habiendo cambiado en diferentes colores, desapareció. Los romanos, como es de ritual, imploraban para que les volviese su luz, haciendo ruido con metales, y alzando al cielo muchas luces con tizones y antorchas; pero los macedonios quedaron paralizados, el terror y espanto se apoderó del campo, y entre muchos corrió secretamente la voz de que aquel prodigio significaba el final del reinado. No era Aemilius hombre novato en las anomalías que los eclipses producen, los que en tiempos determinados hacen entrar la Luna en la sombra de la Tierra y la ocultan, hasta que pasando de la sombra vuelve otra vez [la Luna] a resplandecer con la luz del sol.*

Al narrar la vida de Rómulo (también en las *Vidas paralelas*), Plutarco comienza desde el instante inicial del mítico fundador de Roma, y escribe, puntualizando al máximo: «su concepción se verificó en el año primero de la segunda Olimpiada, en el día 23 del mes *coyac* de los egipcios, en la hora tercera, hacia la cual el Sol se eclipsó completamente», donde vemos que el historiador griego trata de idealizar al primer rey romano; a ello también contribuye el situar el hecho de su concepción en el mes de *coyac*, que era cuando tenían lugar las anuales crecidas del Nilo, dotando de fecundidad a las tierras de Egipto. Como no podía ser de otro modo, adorna también la muerte de Rómulo, y añade que en esta ocasión «en el aire sucedieron entonces de repente fenómenos maravillosos, superiores a cuanto puede ponderarse, y trastornos increíbles; que la luz del sol se eclipsó, y sobrevino una noche nada serena ni tranquila».

Los astrólogos romanos consideraban también los eclipses como indicadores de riesgo; uno de ellos, Marco Manilio, contemporáneo de Tiberio, en el poema didáctico *Astronomicón*, escrito entre los años 30 y 40 de nuestra era, afirma que los «signos zodiacales» pierden parte de su «potencia» en los eclipses, y así lo refiere:

La razón es clara porque, al sufrir eclipse la Luna en algunos signos, privada de su hermano Febo [el Sol] y sumergida en las tinieblas de la noche, cuando la Tierra, situada en medio, intercepta los rayos de Febo, y Delia (la Luna) *no capta la luz con la que brilla normalmente, también esos signos* (zodiacales, es decir su influencia) *languidecen junto con su planeta* (la Luna) *y debilitándose al mismo tiempo y perdiendo su habitual poder, lloran ante Febo en sus exequias, como si estuvieran en su funeral.*

Vemos aquí también una «personificación» del Sol y la Luna, asemejándolos a seres vivientes, sujetos a enfermedades y a la muerte. En la misma línea animista ya había escrito el filósofo Lucrecio en su poema didáctico *De Rerum Natura* (*De la naturaleza de las cosas*, siglo i a. C.): «¿Y no puede el Sol mismo eclipsarse y perder en cierto momento también su brillo, que recobra tras atravesar por los aires regiones que siendo enemigas de sus llamas le obligan a extinguir sus fuegos?».

En la película *Barrabás*, Richard Fleischer quiso presentar la escena de la crucifixión con un eclipse de Sol real, sin efectos especiales, que filmaron el 15 de febrero de 1961 en Roccastrada (Toscana, Italia).

EL OSCURECIMIENTO TRAS LA
MUERTE DE JESÚS DE NAZARET

Son numerosos los autores que han buscado en algún eclipse una explicación natural del oscurecimiento que según los evangelios de Marcos, Mateo y Lucas tuvo lugar tras la crucifixión y muerte de Jesús. El primero de ellos fue el erudito cristiano Orígenes de Alejandría en el siglo iii, en su obra *Contra Celsum*. Ante todo, es imprescindible comentar que hay detalles en la narración de los evangelistas que son incompatibles con un eclipse de Sol, como su universalidad («en toda la Tierra») y su duración («desde la hora sexta a la hora nona»); pero aun así, el único que podría ser candidato a esa explicación natural es el eclipse descrito por el historiador griego Flegón de Trales, que tuvo lugar el 24 de noviembre del año 29 d. C. En la mencionada obra, *Contra Celsum*, Orígenes se refiere a la descripción que hace Flegón de un eclipse acompañado de terremotos durante el reinado del emperador Tiberio, afirmando que fue «el mayor eclipse de Sol» y «se hizo de noche a la sexta hora del día, de modo que incluso aparecieron estrellas en el cielo. Hubo un gran terremoto en Bitinia, y muchas cosas se trastornaron en Nicea». Cálculos modernos, que determinaron la zona de sombra del mismo, concluyen que ese eclipse en Jerusalén fue únicamente parcial, ocultando el 80 % del disco solar. Este fue el único visible allí en aquellos años.

El mismo Orígenes ya ofrecía otras alternativas naturales para explicar el oscurecimiento del Sol tras la crucifixión, como una intensa tormenta de arena. También excluye el eclipse como explicación Agustín de Hipona (siglo v) en *La Ciudad de Dios* cuando dice: «Porque quedó suficientemente probado que este último oscurecimiento del Sol no ocurrió por las leyes naturales de los cuerpos celestes, porque entonces era la Pascua judía, que se celebra solo en luna llena, mientras que los eclipses solares naturales ocurren cuando la luna está nueva». Tomás de Aquino hace lo propio en *Suma Teológica* (siglo xiii), añadiendo al argumento de la luna de Pascua la inusual duración del oscurecimiento narrado en los evangelios sinópticos. Hasta el divino Dante toma partido en ese tema a comienzos del siglo xiv, excluyendo la explicación del eclipse y optando por un oscurecimiento milagroso; en la *Divina Comedia* («Paradiso XXIX») pone en boca de Beatriz este texto, dejando claro que el suceso fue extraordinario e universal:

Un dice che la Luna si ritorse / ne la passion di Cristo e s'interpuose, / per che 'l lume del sol giù non si porse; / e mente, ché la luce si nascose / da sé: però a li Spani e a l'Indi / come a' Giudei tale eclissi rispuose.

(Hay quien dice que la Luna se volvió atrás / en la pasión de Cristo y se interpuso, / por lo cual la luz del sol abajo no brilló; / pero miente, pues la luz se ocultó / por sí misma; así que a los españoles y a los indios, / como a los judíos, tal eclipse respondió).

Xilografía de Gustave Doré que representa el episodio evangélico de la oscuridad durante la crucifixión de Cristo, fenómeno descrito en tres evangelios canónicos como un oscurecimiento del cielo en pleno día, interpretado por algunos como presagio sobrenatural y por otros como posible eclipse o tormenta de arena. [Gustave Doré, grabado por C. Laplante].

En todo lo narrado hasta aquí en este capítulo debe reiterarse que es difícil establecer con seguridad que el fenómeno ocurrido en los documentos existentes o referidos fuera un eclipse. Como puede haberse observado, muchas veces las descripciones son vagas, y aunque en ocasiones se concreta que durante el suceso se hicieron visibles las estrellas, hay que recordar que Venus a veces puede verse de día, y quizás la exageración más común sigue siendo enunciar en plural algo que ocurrió una sola vez (recordemos el dicho: «Mató una vez un gato y le llaman matagatos»).

III. LA RACIONALIDAD AVANZA EN LA EDAD MEDIA, COMO NO PODÍA SER DE OTRA FORMA

Durante todo el Medievo, en la Europa cristiana, los eclipses siguieron considerándose augurios de sucesos extraordinarios, como la muerte de un gobernante o la caída de una dinastía. También eran signos o mensajes divinos, casi siempre anticipos de alguna desgracia, de supuesto castigo por algo indebido. Por otro lado, en Occidente estaba de moda pensar en el fin del mundo y casi se anhelaba —por eso de ser partícipe de algo tan singular— comprobar que uno de aquellos fenómenos podría constituir un prolegómeno. Una de las ilustraciones del precioso manuscrito iluminado *Apocalipsis de Cambrai* (finales del siglo IX), la correspondiente a la apertura del sexto sello, parece representar las catástrofes descritas por el apóstol Juan, vinculándolas en imagen a los eclipses de Sol y de Luna. El texto del Libro de la Revelación dice: «Miré cuando abrió el sexto sello, y he aquí que hubo un gran terremoto; y el Sol se puso negro como ropa de luto, y la Luna se volvió roja como sangre» (Apocalipsis 6:12). El manuscrito carolingio, respondiendo a ese texto

Miniatura que representa la apertura del sexto sello del Apocalipsis de San Juan, donde un terremoto sacude la tierra mientras el Sol se oscurece y la Luna adquiere tonalidad sanguínea, forzando a reyes y poderosos a refugiarse en las cavernas, perteneciente al manuscrito iluminado conocido como *Apocalipsis de Cambrai*. Escuela francesa, siglo XIII [Bibliothèque Municipale, Cambrai].

que fusiona eclipses de Sol y de Luna, nos muestra un sol negro que aparece desatando su influencia sobre la Tierra con terremotos y el caos, así como una luna rabiosamente roja. En ilustraciones semejantes, como una del Beato de San Pedro de Cardeña (copia realizada alrededor del año 970), se representa un eclipse parcial del Sol, junto a numerosas estrellas. Por otra parte, comienzan a establecerse diferencias entre astrología y astronomía, aunque muchas veces de hecho desarrollen esas disciplinas las mismas personas. El teólogo sajón Hugo de San Víctor, en su *Didascalicon* (c. 1129), define que la astronomía es «la disciplina que estudia las posiciones, movimientos y trayectorias de los cuerpos celestes», mientras argumenta que la astrología es un producto de la «libertad de pensamiento», que a partir de los astros saca conclusiones sobre cosas materiales; la salud; la enfermedad; las tormentas; la calma; las épocas de riqueza o esterilidad, y muchas supersticiones. Como puede verse, lo tenía muy claro. En general, los pensadores cristianos condenaban los horóscopos, en tanto en cuanto suponían ir en contra del libre albedrío (si el destino estaba ya determinado por los astros).

También debe constatarse que en esta época el saber astronómico en la Europa cristiana era patrimonio del clero, tanto regular como secular, no en vano los monjes medievales estaban obligados al conocimiento de la astronomía. El franciscano inglés

Miniatura del ángel de la cuarta trompeta del Apocalipsis en el Beato de Liébana, donde el eclipse parcial simboliza la corrupción de la Iglesia y sus miembros, mientras el águila coronada permanece frente al ángel que anuncia los desastres inminentes sobre la Tierra. Beato de San Pedro de Cardeña, Burgos, siglo XI [Museo Arqueológico Nacional, Madrid].

Robert Grosseteste insiste en su obra *On the Temple of God* (c. 1220) en que los clérigos deben llevar «un libro de cómputos de modo que puedan conocer las fiestas movibles». Los libros de cómputos reunían datos sobre astronomía, astrología y el cómputo eclesiástico, es decir, el cálculo de las fechas que eran importantes para la Iglesia. El término proviene del latín *computus paschalis* (cálculo de la Pascua). Como curiosidad cabe señalar que el libro más antiguo que posee la Biblioteca Nacional de España es el *Códice de Metz*, un libro de cómputos que data del siglo IX.

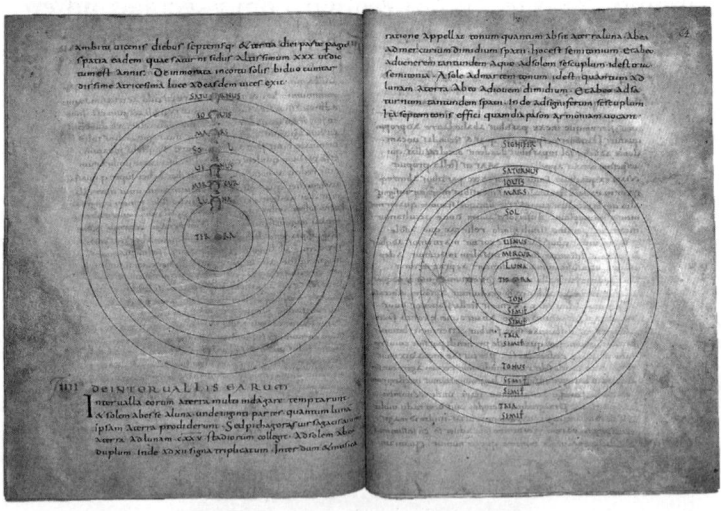

Ilustraciones de las posiciones planetarias del *Códice de Metz*, copia del *Manual de 809* que reúne el saber astronómico y astrológico carolingio con textos de cómputo eclesiástico, basado en obras de Isidoro de Sevilla, Beda el Venerable y Plinio el Viejo, realizado bajo la tutela del obispo Drogo de Metz, hijo ilegítimo de Carlomagno. Siglo IX [Biblioteca Nacional de España, Madrid].

LA CULTURA MUSULMANA Y
LA ESPAÑA MEDIEVAL

Por su parte, los astrólogos musulmanes, bebiendo de fuentes clásicas como Ptolomeo, ofrecían explicaciones racionales a los eclipses, destacando eruditos como Al-Juarismi, Al-Battani y Al-Farghani. Comenzando por el que prestó su nombre a los algoritmos, el persa Al-Juarismi (780-850), digamos que fue un matemático, astrónomo y geógrafo que elaboró en Bagdad tablas sobre los movimientos de los planetas, basándose en métodos astronómicos hindúes. El astrónomo Al-Battani (858-929) vivió casi toda su vida en Al Raqa (ahora en Siria) y está considerado como el más importante del mundo árabe. Fue uno de los primeros en observar que la distancia entre la Tierra y el Sol varía durante el año, lo que lo llevó a comprender la razón por la que ocurren los eclipses anulares de Sol. También calculó con precisión el ángulo entre los planos del ecuador y la eclíptica. Al-Farghani es el astrónomo persa más célebre de su época (siglo IX); escribió *Elementos de astronomía sobre los movimientos celestes*, que constituyen la obra más conocida en esa ciencia hasta el siglo XV, y fue traducida en el siglo XII al castellano por el judeoconverso Juan Hispalense, de la Escuela de Traductores de Toledo. En suma, los astrónomos y astrólogos árabes refinaron los modelos de Ptolomeo y desarrollaron tablas más precisas para predecir eclipses de Sol y de Luna.

En España estábamos en plena Reconquista. Al amanecer del 19 de julio del año 939 iba a iniciarse la batalla de Alhandega (o Alhándiga, en el municipio de este nombre en tierras salmantinas) entre las tropas del rey de León Ramiro II, que perseguían a las del califa cordobés Abderramán III, tras la victoria de Simancas. Pero entonces, sin que estuviera previsto, dio comienzo un eclipse. Esa inesperada ocultación casi total (del 96 %) no solamente hizo callar a las aves, sino que provocó que ambos ejércitos quedasen mudos, asustados y paralizados. La conmoción les duró más de una semana, hasta que al fin pudieron tranquilizarse y retomar la contienda, que finalizó el día primero de agosto con la victoria de Ramiro II, habiendo diezmado las tropas musulmanas. Abderramán III se salvó en la retirada, pero ordenó la reestructuración total de su ejército y no volvió a ponerse al frente del mismo, aunque dirigió el califato omeya durante veintidós años más, en los que le dio tiempo para terminar y disfrutar de Medina Azahara (Córdoba).

Las *Tablas toledanas*, elaboradas en la ciudad del Tajo en 1069 bajo la dirección del astrónomo andalusí Azarquiel, vertían al árabe un conocimiento que recogía y reformaba la tradición que Ptolomeo había desarrollado en el *Almagesto* (138-161 d. C.). Las toledanas constituían entonces la recopilación de datos astronómicos más precisa y completa que había en Europa; su versión más conocida es una traducción al latín que realizó Gerardo de Cremona en la Escuela de Traductores de Toledo (siglo XII). Esas tablas constituyeron el principal instrumento para la predicción de eclipses durante dos siglos, hasta que llegaron las *Tablas alfonsíes*. Estas últimas se llaman así porque fueron encargadas por Alfonso X el Sabio, pidiendo que se realizara una revisión de las de Azarquiel. El rey de Castilla convocó a más de cincuenta expertos, coordinados por los astrónomos y astrólogos judíos Yehuda ben Moshe, e Isaac ben Sid, pero colaboraron también astrónomos musulmanes de Sevilla y Córdoba. El trabajo se realizó entre 1263 y 1272. Según el astrónomo carmelita inglés Nicolas de Linna, que publicó en 1386 un calendario donde se reflejaban datos sobre eclipses, las predicciones realizadas basándose en las *Tablas alfonsíes* no se desviaban de la realidad en el momento central de un eclipse más de treinta minutos.

Hoja de las *Tablas alfonsíes*, obra astronómica patrocinada por Alfonso X el Sabio que actualizó las mediciones ptolemaicas con observaciones realizadas en Toledo; unificó los calendarios estableciendo el 1 de enero como inicio del año natural, y sirvió de base fundamental para los estudios astronómicos posteriores, siendo consultada incluso por Copérnico. Toledo, ca. 1270-1272. [Biblioteca Nacional de España].

En el occidente cristiano, los eclipses de Sol también se entendían como fenómenos naturales y explicables racionalmente por parte de algunos eruditos. Como ya se ha señalado, para los clérigos se trataba de combatir las supersticiones que estaban condenadas por la Iglesia. La tarea de desmitificar los fenómenos naturales a través de la razón quería tanto contrarrestar la interpretación supersticiosa de la naturaleza como declarar que el orden y la belleza del universo, así como los portentos en el firmamento, fueron ordenados por el Creador. Esta era, por ejemplo, la posición de escritores cristianos como Isidoro de Sevilla en sus *Etimologías* (625 d. C.) y Beda el Venerable en *De temporum ratione* (*Sobre el cómputo del tiempo*, 725 d. C.).

Un episodio de la época ilustra bien las mezclas de ideas que provocaban los eclipses solares. Aparece en el relato que dejó en 1127 el cronista flamenco Gualberto de Brujas sobre el asesinato, en marzo de ese año, del conde llamado Carlos el Bueno. La crónica se titula «Sobre el asesinato, la traición y la muerte del glorioso Carlos, conde de Flandes». El conde Carlos destacaba por su bondad, que quedó manifestada por ejemplo durante una hambruna en la que distribuyó pan entre los pobres; además luego trató de evitar que hubiera acaparamiento de granos para su posterior venta a precios abusivos, pero esta medida iba en contra del rico clan Erembald, que tenía ese tipo de prácticas. Pues bien, como trasfondo de su descripción del trágico final de la vida del conde, que fue decapitado mientras estaba arrodillado asistiendo a misa en una iglesia de Brujas, Gualberto incluye en la narración del crimen una nota sobre algo que ya había tenido lugar tres años antes, queriendo a todas luces relacionarlo:

En el año 1124 desde la encarnación de nuestro Señor, en el mes de agosto, se presentó a todos los habitantes de las tierras, alrededor de la hora nona del día, un eclipse en el cuerpo del Sol. Y una falta de luz antinatural, de modo que la parte oriental del círculo solar se oscureció y envió poco a poco a las demás partes extrañas nubes, que, sin embargo, no oscurecieron todo el Sol de una vez, sino solo parcialmente. Esta misma nube vagó de manera similar por todo el disco solar, viajando de este a oeste, pero solo dentro del círculo de la esencia solar. Por ello, quienes cuidaban el estado de la paz y las disputas en los tribunales amenazaron a todos con el peligro de hambruna y muerte. Como los hombres no fueron corregidos de esta manera, ni señores ni siervos, llegó la hambruna inesperada, y los azotes de la muerte la siguieron de cerca.

Es curioso que Gualberto recuerde y especifique el año, el mes y la hora del eclipse, pero se olvida de incluir el día, que fue el lunes 11 de agosto de 1124. Tampoco la Luna (la nube en esa crónica) se mueve en un eclipse de este a oeste, lo que nos hace pensar que el cronista no estaba puesto en temas de astronomía.

Como en todas las épocas de la historia, incluida la presente, el conocimiento del pueblo no se correspondía con el de los sabios de su tiempo. En el breve tratado *De Sphera* (*Sobre las esferas*, c. 1215), del ya citado filósofo inglés Robert Grosseteste, se incluye una potente ilustración que explica un eclipse solar representando el cono de sombra que proyecta la Luna sobre la Tierra. Este escolástico, considerado el mejor hombre de ciencia de su tiempo, razona así respecto a un eclipse de Luna: «sucede porque la Luna atraviesa la sombra de la Tierra, que siempre se pro-

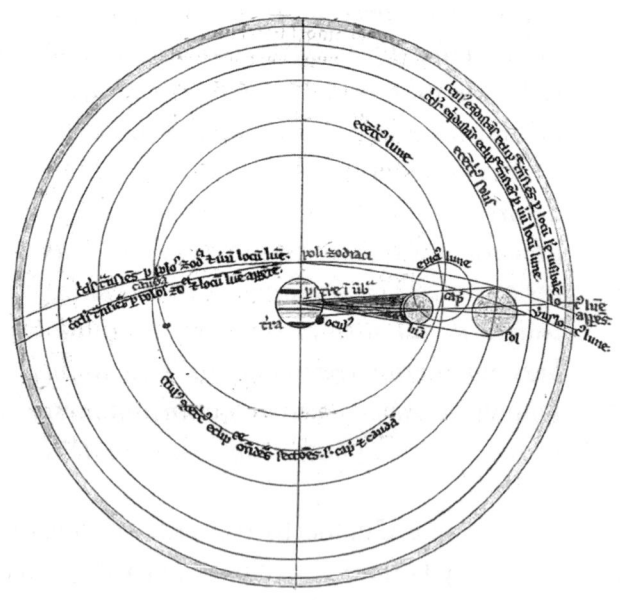

Diagrama de un eclipse solar en el tratado *De Sphera* del obispo y filósofo natural Robert Grosseteste, obra astronómica que aplicó métodos matemáticos al estudio de los fenómenos celestes y fue fundamental para el desarrollo de la filosofía natural medieval en la Universidad de Oxford. Ca. 1215 [Berkeley Historical Slide Library, Horn Collection].

yecta en dirección contraria al Sol. Como el Sol es un cuerpo luminoso, y la Tierra es opaca, y los rayos van en línea recta, y el Sol es más grande que la Tierra, es inevitable que el Sol proyecte una sombra que tiene forma de cono». También advierte que algunos fenómenos, como la salida del sol o los eclipses, se ven primero en algunos lugares de la Tierra y luego en otros, con lo que vuelve a reafirmar su postura sobre la esfericidad de nuestro planeta. Por supuesto, al igual que el texto, la ilustración referida responde a un modelo geocéntrico, basado en Aristóteles y Ptolomeo, propio de una era precopernicana, pero ha de considerarse que a estos efectos la cuestión de los eclipses es puramente geométrica, independiente del modelo, con lo que ese diagrama de Grosseteste goza de plena validez.

Después, el monje y científico Juan de Sacrobosco, en su obra *De sphaera mundi* (c.1230) —quizá el primer libro de astronomía que fue impreso y del que se conservan ejemplares de ediciones entre 1472 y 1485—, que sirvió para difundir en Europa las ideas de Ptolomeo, justifica los eclipses con estas palabras: «el cuerpo de la Luna se interpone entre nuestra vista y el cuerpo del Sol. Luego nos ocultará el brillo del Sol y el Sol sufrirá un eclipse; no es que cese de brillar, sino que nos falla debido a la interposición de la Luna». Sacrobosco enseñaba entonces matemáticas en la Universidad de París, y la lectura de *De sphaera mundi* fue obligatoria para los estudiantes en todas las universidades europeas durante cuatrocientos años.

EL ECLIPSE MÁS IMPORTANTE
DE LA EDAD MEDIA

El eclipse que tuvo lugar el 3 de junio de 1239 es el mejor documentado en la Edad Media; la zona de sombra barrió casi la totalidad de Portugal, el centro de España, el sur de Francia, la Toscana y el centro de Italia. Fue algo espectacular en nuestro país, de una duración máxima estimada en seis minutos en Cuéllar (Segovia) con el Sol alto en el horizonte, y con una oscuridad total que permitió ver numerosas estrellas en el cielo del mediodía. Existen testimonios del mismo en Aragón, Toledo y Soria. En el libro de sus memorias (*Llibre dels fets del rei En Jaume*), el rey Jaime I el Conquistador dejó escrito: «Entramos en Montpellier un jueves, y el viernes, entre el mediodía y la hora de nona, hubo el mayor eclipse que jamás se haya visto; los hombres que todavía viven lo recuerdan, puesto que la Luna cubrió todo el Sol y se podían

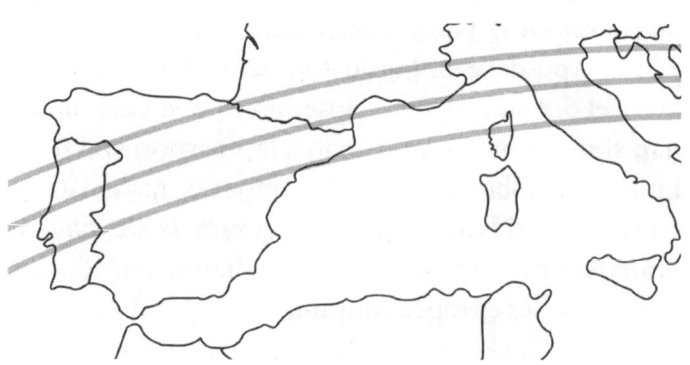

Zona de sombra del eclipse del 3 de junio de 1239.

ver claramente siete estrellas en el cielo». Se ha calculado que eran visibles las estrellas del hexágono de invierno: Sirio, Proción, Pólux, Capella, Aldebarán y Rigel. También Betelgeuse en Orión y los planetas Mercurio en Tauro y Saturno en Géminis.

En los *Anales Compostelanos*, escritos a mediados del siglo XIII, figura una anotación que afirma: «Era 1239. El Sol se oscureció el viernes 3 de junio. En ese año fue capturada Jerusalén a los sarracenos». Esa captura era resultado de una cruzada que comenzó en 1239, llamada Cruzada de los Barones, y fue la de mayor éxito desde la primera. Había sido convocada por el papa Gregorio IX, y representó el punto culminante del esfuerzo papal por hacer de las mismas una «empresa cristiana universal». Aquellos cruzados, encabezados por nobles franceses, no lograron ninguna victoria militar, pero emplearon la diplomacia para enfrentar con éxito a las dos facciones beligerantes de la dinastía ayubí (en Damasco y en Egipto). Obtuvieron mayores concesiones que las que Federico II, emperador del Sacro Imperio Romano Germánico, había conseguido anteriormente durante la sexta cruzada.

En *Chronicon Conimbricense III* (*Crónicas de Coimbra III*, en Portugal) la descripción es contundente: «nunca antes había sucedido desde la Pasión de nuestro Señor hasta hoy. Fue ciertamente de noche entre la hora sexta y la novena y el Sol se volvió negro como la boca de lobo y muchas estrellas aparecieron en el cielo». En Italia, el monje cosmógrafo Ristoro d'Arezzo (*Della composizione del mondo con sus cascioni*) lo describió así:

Mientras me encontraba en la ciudad de Arezzo, donde nací y donde escribo este libro, en nuestro monasterio, (...) un viernes a la sexta hora del día, cuando el Sol estaba a 20 grados en Gémini y el tiempo estaba tranquilo y despejado, el cielo comenzó a amarillear y vi cómo el Sol se cubría poco a poco hasta que se hizo de noche. Vi a Mercurio cerca del Sol, y todos los animales y aves estaban aterrorizados; y los animales salvajes podían ser fácilmente capturados. Había gente que atrapaba pájaros y animales, porque estaban desquiciados. Vi el Sol completamente cubierto durante el tiempo en que un hombre podría caminar 250 pasos. El aire y el suelo comenzaron a enfriarse; y (el Sol) comenzó a cubrirse y descubrirse desde el oeste.

Esa estimación del tiempo que hizo Ristoro, materializada en un *tempo* moderadamente lento, *andante*, supondría unos tres minutos y medio, una medida muy aproximada a lo que se ha calculado posteriormente para ese evento histórico. Se cree que esta es la primera medida útil que se hace sobre la duración de un eclipse.

IV. DE CUANDO EL SOL SACÓ A RELUCIR SUS GLORIAS Y MISERIAS

Hasta el final de la Edad Media, el Sol había sido considerado siempre del lado en donde están nuestros benefactores, los adorables, los puros. Son muchas las culturas que consideraban digno, lógico y justo reconocer y agradecer todas las cosas que el astro rey nos prestaba, y también por ello los eclipses suponían una amenaza. No hemos de sentir extrañeza de que muchas culturas tuvieran al Sol entre sus dioses. Por poner algunos ejemplos, en el antiguo Egipto tenían a Ra; en Mesopotamia a Shamash; en el Imperio inca a Inti; los mexicas adoraban a Huitzilopochtli; en el hinduismo todavía tienen a Surya (desde tiempo de los Vedas), y Amaterasu es la diosa del Sol en la mitología japonesa.

No estaban muy equivocados. La ciencia nos permite saber que el Sol es imprescindible no solamente para iluminarnos y darnos calor, sino también para que haya vientos, evaporaciones y lluvias, torrentes y ríos, así como para hacer posible las cadenas tróficas a partir de una generación de alimentos que sin la fotosíntesis vegetal no tendría lugar. Toda la energía de nuestro planeta, excepto la nuclear y la geotérmica (y en parte la mareomotriz) proceden del Sol. El

88 % de la energía que consumimos en España proviene, inmediata o mediatamente, de esa estrella a la que pertenecemos: los derivados del petróleo, carbón, biomasa o gas natural (productos que son, en definitiva, consecuencias de alguna antigua fotosíntesis); la energía directamente solar; la eólica (sin Sol no habría vientos), y la hidráulica (a ver quién sube el agua a las nubes para que pueda llover y abastecer los ríos).

COMIENZAN A APRECIARSE DETALLES EN EL SOL

En la crónica de los primeros reyes babilónicos, escrita sobre una tablilla de arcilla con escritura cuneiforme, se menciona un detalle de un eclipse que puede corresponder al que ocurrió al sur del país el 31 de julio de 1062 a. C., en los siguientes términos: «el día se transformó en noche en el mes de *sivan*, en el séptimo año del reino, y hubo un fuego en medio del cielo». El conjunto del texto ha inducido a algunos expertos a pensar que ese «fuego» era la corona solar, visible durante un eclipse total. Sería la referencia más antigua que se hace del aspecto más espectacular del fenómeno, pero se trata únicamente de una sospecha. No podemos decir nada más. En otra ocasión, casi dos mil años después, con motivo del eclipse del año 968 d. C. el cronista bizantino León el Diácono refiere un «halo luminoso» alrededor del Sol oculto. De nuevo, nada más. Hasta concluir la Edad Media, lo habitual históricamente era que los testimonios relativos a eclipses totales, además de relacionarlos con eventos notables en las distintas sociedades, nos hablaran de las fechas o lugares donde ocurría el fenómeno; describieran lo que acontecía en la naturaleza terrestre —con mayor o menor imaginación—, y como mucho daban noticia de haber visto algunas estrellas en el cielo.

El jesuita alemán Cristóbal Clavio, matemático y astrónomo, el maestro más influyente del Renacimiento, hombre clave en la implantación del calendario gregoriano, dejó preciso testimonio de los eclipses que ocurrieron en 1560 y 1567. El primero de ellos fue total en parte de España y Portugal. Clavio lo contempló cuando estudiaba en la Universidad de Coimbra, y dice que «el Sol permaneció oculto durante no poco tiempo; había una oscuridad mayor que la de la noche, nadie podía ver donde pisaba y las estrellas brillaban intensamente en el cielo; los pájaros cayeron al suelo por el miedo a una oscuridad aterradora». Ese mismo eclipse fue presenciado también, pero en Copenhague, por el último de los grandes astrónomos antes del telescopio, el danés Tycho Brahe, cuando todavía era un adolescente, y tras ver que se había cometido el error de un día en la predicción del mismo decidió ser astrónomo para dedicarse a recoger los datos más precisos que pudiera sobre las posiciones planetarias. Compró libros de astronomía, entre ellos el ya citado *De sphaera mundi* de Sacrobosco y *De triangulis omnimodis* de Regiomontanus (1464), un texto que sentaba las bases de la trigonometría. Como consecuencia de esa decisión, más adelante Brahe recopiló toda la infor-

Retrato del matemático y astrónomo jesuita Christophorus Clavius, miembro destacado de la comisión papal que desarrolló la reforma del calendario gregoriano junto a Luigi Lilio, y profesor del Collegio Romano cuyas obras sobre astronomía y geometría influyeron decisivamente en la ciencia europea de su tiempo. Roma, 1606. [Francisco Villamena, grabado por Jean Leclerc].

mación precisa que permitiría a Kepler establecer las leyes de movimiento de los planetas.

Con respecto al eclipse del 8 de abril de 1567, que Clavio ya presenció desde Roma, pues estudiaba entonces en el Collegio Romano de los jesuitas, afirma que «no todo el Sol estaba eclipsado, sino que había un círculo brillante alrededor». Por primera vez dejará registro explícito de un eclipse anular en una publicación científica, la que Clavio escribió para comentar y revisar la obra de Juan de Sacrobosco (*In Sphaeram Ioannis de Sacro Bosco commentarius*, 1581). Recordemos que ya astrónomos musulmanes en la Edad Media habían puesto en duda la idea de Ptolomeo de que los eclipses anulares eran imposibles. Pero incluso Kepler, en tiempo de Clavio, había sugerido que el anillo luminoso en ese mismo eclipse podía ser producto de una supuesta atmósfera de la Luna, un ente teórico que todavía tardaría en desaparecer de la ciencia.

LA CIENCIA ENTRA EN ESCENA PARA OBJETIVAR

Ahora es el momento de centrar nuestra atención en el Sol que es, al fin y al cabo, el protagonista de toda esa historia. La ciencia comienza a modernizarse, el canónigo polaco Nicolás Copérnico ya ha propuesto su modelo heliocéntrico, y dedica un capítulo de su obra *De revolutionibus orbium coelestium* (1543) a analizar los movimientos de la Luna que originan los eclipses, ofreciendo explicaciones más sencillas (y elegantes) que las que había propuesto Claudio Ptolomeo en su *Almagesto*, y sobre todo en su tratado posterior sobre *La hipótesis de los planetas* (siglo II d. C.).

Poco después de haber comenzado la Revolución copernicana, la invención del telescopio sirvió para que finalmente pudiera utilizarse en la observación de un eclipse parcial de Luna en julio de 1610, pocos meses más tarde de que Galileo Galilei hubiese publicado su histórico *Sidereus Nuncius. El noticiero sideral* es un monográfico ilustrado donde por primera vez se informa de que el catalejo permitía ver en el cielo muchas cosas que no se aprecian a simple vista, algunas de las cuales son tan admirables que nadie podía imaginar; veremos a continuación cómo varios astrónomos usaron el nuevo instrumento también para observar el Sol y encontrar en él novedades.

Galileo, el último de los grandes científicos que es conocido por su nombre de pila, fue uno de los primeros en observar y dejar constancia de que el Sol tenía manchas, unas zonas oscuras de forma irregular que se aprecian en su superficie. Él defendía que esas manchas eran propias del astro, contradiciendo la idea aristotélica de que, como perteneciente al mundo celeste, de más allá de la Luna, tenía que ser perfecto. Es posible que, dado el tamaño de las manchas, en un día con nubes ligeras o con un sol cercano al horizonte alguien las hubiera observado anteriormente, pero lo normal, dada la idea imperante, era que fueran atribuidas a las propias nubes o, incluso, como pensó el mismísimo Kepler en 1607, a un tránsito de Mercurio. El caso es que su registro hubo de esperar a la llegada del telescopio, y a proyectar con él una imagen del sol sobre una superficie blanca. Sabemos que tanto Galileo como el astrónomo y matemático inglés Thomas Harriot las observaron a finales de 1610, y luego en marzo de 1611 también lo hicieron el pastor luterano David Fabricius y su hijo Johannes, así como el matemático jesuita alemán Christoph Scheiner. De todos ellos, Johannes Fabricius fue el primero en publicar sobre el tema; su libro *De Maculis in Sole Observatis* (*Sobre las manchas observadas en el Sol*) salió en otoño, pero no alcanzó mucha difusión. Entretanto, Galileo ya había enseñado las manchas solares con su telescopio durante una visita a Roma

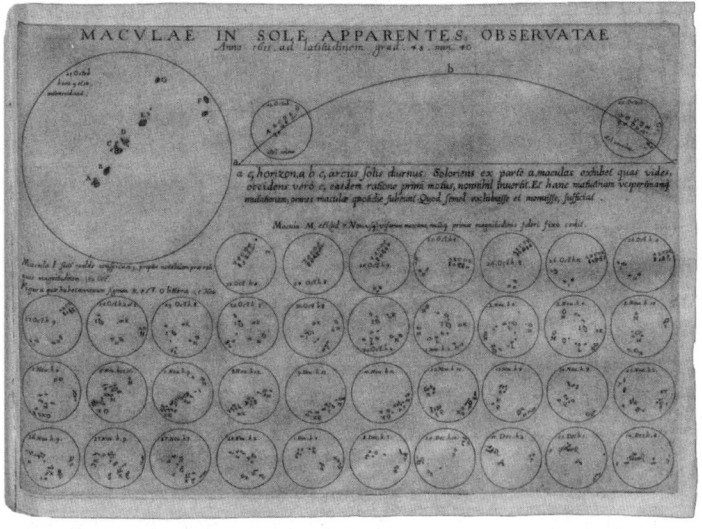

Dibujos de manchas solares realizados por el astrónomo jesuita Christoph Scheiner, incluidos en la obra de Galileo Galilei sobre las manchas solares, donde ambos científicos disputaron la interpretación del fenómeno y su compatibilidad con la teoría aristotélica de la inmutabilidad celeste. Roma, 1613 [*Istoria e dimostrazioni intorno alle macchie solari*/Linda Hall Library].

en aquella primavera. Es histórico el debate del curso 1611-12 entre Scheiner y Galileo, con las respectivas publicaciones e intercambio de cartas con dibujos del Sol y la evolución de sus manchas. Scheiner defendía la aristotélica perfección del Sol, argumentando que las manchas eran satélites solares, cosa que refutaba Galileo. En 1613 la Academia de los Linceanos, a la que pertenecía este último, publicó sus tres cartas sobre el tema bajo el título *Istoria e Dimostrazioni intorno alle Macchie Solari e loro Accidenti* (*Historia y demostraciones sobre las manchas solares y sus propiedades*). En ellas defiende que son reales y que se mueven girando con el Sol. Era la primera vez que Galileo publicaba en italiano y no en latín. Se preocupó de aclarar que lo había «escrito en idioma vulgar para que todos puedan leerlo». Muchos hemos considerado esta decisión como un momento histórico para la divulgación científica. Por cierto, que Galileo también había mandado durante el debate con Scheiner esas cartas en italiano, que le llegaban al alemán por vía interpuesta; Scheiner tenía que pedir que se las tradujeran, mientras que el jesuita siempre escribía en latín, idioma que Galileo entendía perfectamente. En cualquier caso, ese debate entre los dos fue siempre correcto, aunque años más tarde entraran en confrontación.

Entretanto, Kepler ya había realizado infinidad de cálculos y había publicado en 1609 sus dos primeras leyes sobre los movimientos planetarios. En ellas exponía que los planetas giran en órbitas elípticas con el Sol en uno de sus focos, y también que cada planeta no se mueve en su órbita con la misma velocidad todo el año, sino que lo hace más rápido cuando está más cerca del Sol; en 1619 publicaría la tercera ley, en la que establece una relación matemática entre la distancia al Sol de cada planeta y la duración de su año. Estas tres leyes cuantitativas servirían al gran Isaac Newton para proponer la ley de la gravitación universal, la gran unificación que culminó la Revolución Científica de los siglos XVI y XVII. Así quedó reflejado en su obra *Philosophiæ naturalis principia mathematica* (*Principios matemáticos de la filosofía natural*, 1687), edición que fue posible gracias a que Edmund Halley la financió, con el dinero que tenía por herencia de su padre. El paradigma surgido de esa Revolución Científica constituía una base absolutamente sólida para predecir todos los movimientos en el sistema solar, incluyendo, por supuesto, eclipses, tránsitos y ocultaciones.

Como veremos a continuación, en 1715 se cumpliría la predicción de Halley sobre un eclipse, acertando incluso la hora de su comienzo. Ya sabemos que Newton se dedicaba a tareas de otro nivel; o bien nos facilitaba un armazón conceptual para entender todos los movimientos del cosmos («así en la Tierra como en el cielo», fundiendo esos dos mundos aristotélicos), o nos explicaba, en su *Óptica*, que la luz del sol contiene en sí misma todos los colores del arco iris, que él quiso resumir en siete.

A comienzos del siglo XVIII ya se publicaban mapas de sombras de los eclipses y se realizaban predicciones ajustadas sobre el horario de los mismos. El 3 de mayo de 1715 (según el calendario gregoriano) se cumplió la predicción de Edmund Halley, el astrónomo más prestigioso del momento, sobre el mapa de sombra que había realizado, definiendo con una precisión de cuatro minutos la llegada del eclipse total que tuvo lugar en Inglaterra; el error en el trazado de la sombra no fue mayor de unos 30 km. Anteriormente, el astrónomo francés Jean-Dominique Cassini ya había registrado la trayectoria de sombra del eclipse de 1699,

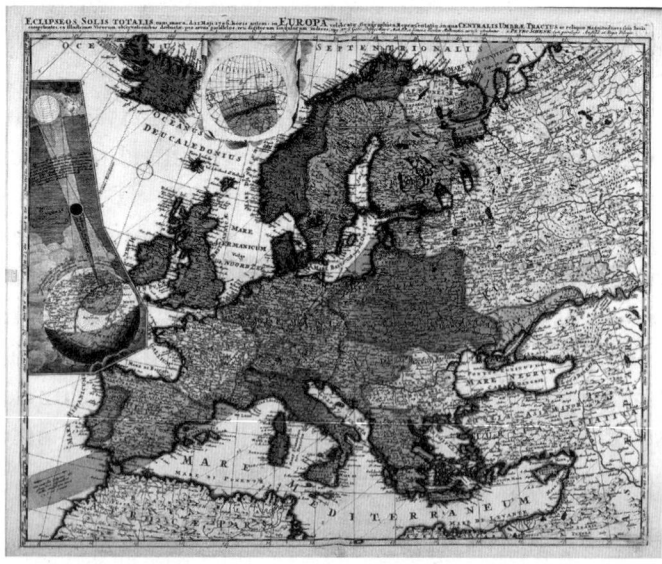

Mapa geográfico del eclipse solar total del 12 de mayo de 1706 sobre Europa, elaborado por el astrónomo y cartógrafo Johann Gabriel Doppelmayr.

y otros matemáticos, cartógrafos y astrónomos, como los holandeses Symon van de Moolen y Andreas van Luchtenburg y el alemán Johann Gabriel Doppelmayr, habían realizado mapas de sombra del eclipse de 1706. Sobre este último eclipse existe una publicación en español con el título *Discurso astronomico sobre el eclypse del sol, que el dia doze de Mayo a las 8. hor. y 8. min. de la mañana, se observarà en el Orizonte de esta Coronada Villa de Madrid, en este presente Año de 1706 compuesto por Pedro Enguera*, cuyo autor es Pedro de Enguera y Ortega, que fue maestro de obras; «maestro de matemáticas de los caballeros pajes del rey» y profesor de la misma disciplina en la Academia de la Real Artillería de Madrid. Se trata del primer eclipse de la historia cuyo mapa de sombra se conoció previamente.

Tras haber contemplado el de 1715, Halley publicó en las *Philosophical Transactions of the Royal Society* unas «Observaciones sobre el último eclipse total de Sol», y nos cuenta: «Unos segundos antes de que el Sol se ocultara por completo, se descubrió alrededor de la Luna un anillo luminoso de aproximadamente un dígito, o quizás una décima parte del diámetro de la Luna, de ancho. Era de una blancura pálida, o más bien de un color perla, me parecía un poco teñido con los colores del iris, y ser concéntrico con la Luna». Halley creía estar viendo una atmósfera lunar, pero hoy sabemos que se trataba de la cromosfera. Entonces pudieron distinguir el brillo de Júpiter, Mercurio, Venus y las estrellas Capella y Aldebarán. En ciudades al norte de Londres, más cerca de la línea central del eclipse, se pudieron identificar más de veinte estrellas.

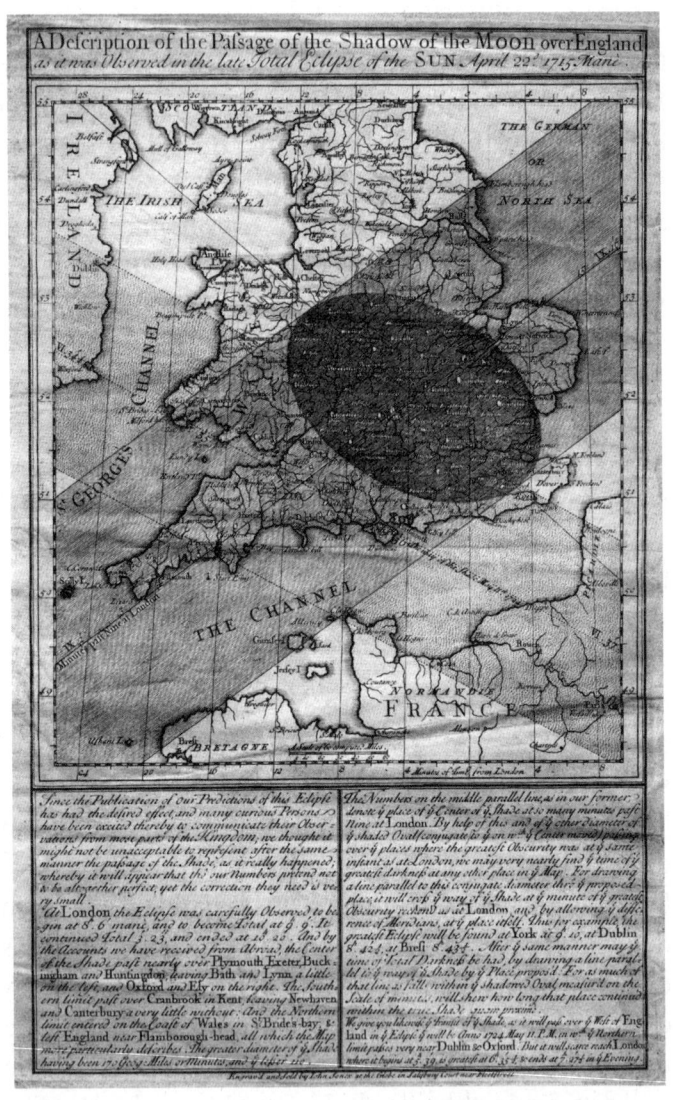

Mapa del eclipse solar total del 3 de mayo de 1715 sobre Inglaterra, elaborado y posteriormente corregido por el astrónomo real Edmond Halley con las observaciones enviadas por el público, constituyendo el primer mapa de predicción de eclipse distribuido masivamente entre la población británica y un ejemplo pionero de divulgación científica. 1715. [Institute of Astronomy, University of Cambridge].

LA OBSERVACIÓN DE ANTONIO DE ULLOA

La corona solar es para la práctica totalidad de testigos el aspecto más destacable en un eclipse total. Pero hubo que esperar hasta la segunda mitad del siglo XVIII para tener testimonio fidedigno de su presencia. Es entonces cuando adquiere protagonismo. El científico de la Ilustración española Antonio de Ulloa, a quien se atribuye el descubrimiento del platino, observó el eclipse del 24 de junio de 1778 cuando a su regreso de América desde Veracruz navegaba de Tenerife a Cádiz, y envía un informe sobre esa observación a sociedades o academias de ciencias de Londres, París, Berlín y Estocolmo. Con el texto publicó un librito de 51 páginas, al que puso el descriptivo título de (ortografía actualizada) *El eclipse de Sol con el anillo refractario de sus rayos, la luz de este astro vista del través del cuerpo de la Luna o antorcha solar en su disco, observado en el océano en el navío El España, capitana de la flota de Nueva España, mandada por el Jefe de Escuadra D. Antonio de Ulloa, y practicada la observación por el mismo general, con la asistencia de otros oficiales del navío, el veinticuatro de junio de mil setecientos setenta y ocho.* El libro está impreso en Madrid, en la imprenta de D. Antonio de Sancha, en 1779. El título explicita los dos aspectos que llamaron la atención del naturalista: el «anillo refractario» y la «antorcha solar». Como veremos, el primero no es otra cosa que la corona solar, en la primera descripción detallada que existe de la misma, y el segundo, que en el texto también denomina «punto o caverna luminosa», es algo misterioso que comentaré más adelante.

Ulloa refiere que el oscurecimiento total había durado cuatro minutos, en los que tuvo tiempo de dejar para la historia los primeros dibujos de una corona solar; en uno de ellos incluso refleja algunas de las estrellas que se veían. En sus propias palabras: «Cosa de 5 o 6 segundos después que la inmersión sucedió, empezó a descubrirse alrededor de la Luna un círculo de luz muy brillante, que, sin ofender la vista, se dejaba ver». Define ese círculo luminoso como «ánulo o corona resplandeciente», y concreta que este «ánulo luminoso despedía rayos de luz por toda su circunferencia, perceptibles hasta la distancia de un diámetro de la Luna, los unos algo más largos que los otros: de donde inferí que serían las partículas de luz más tenues». También se para en describir colores: «El color de la luz del ánulo no era uno mismo en todo su grosor, pues en la parte inmediata al disco de la Luna era rosado hermoso, después iba cambiando en color de caña, el cual desvaneciéndose parecía desde la mitad del grosor hasta la extremidad exterior del ánulo de un color blanco». El tamaño de estos rayos y sus dibujos dejan bien a las claras que realmente estaba hablando de la corona solar, aunque él pensaba que se trataba de una resplandeciente atmósfera de la Luna.

A Ulloa le llama poderosamente también la atención, y así lo refleja en el título de la publicación, un punto de luz que él ve dentro del disco oscuro de la Luna, pero cerca del borde, un misterioso «agujero», que dejaba pasar una «antorcha» de luz solar; lo cuenta con estas palabras: «cerca del limbo de esta (de la Luna) se vio un punto luminoso del cuerpo del Sol, tan pequeño que la vista no lo percibía, ni aun con el auxilio de un anteojillo de teatro; necesitándose para verlo anteojo por lo menos de pie y medio: no quedó duda en que era el cuerpo del Sol el que se dejaba ver por el color rojo que descubría», y deja alguna hipótesis: «Pudiéramos persuadirnos a que en su disco (de la Luna) hay un agujero que penetre de una parte a otra, y también a que sea efecto de una cortadura, a modo de quebrada o tajo que hay sobre el mismo limbo de la Luna, en aquella parte». Ese inexplicable

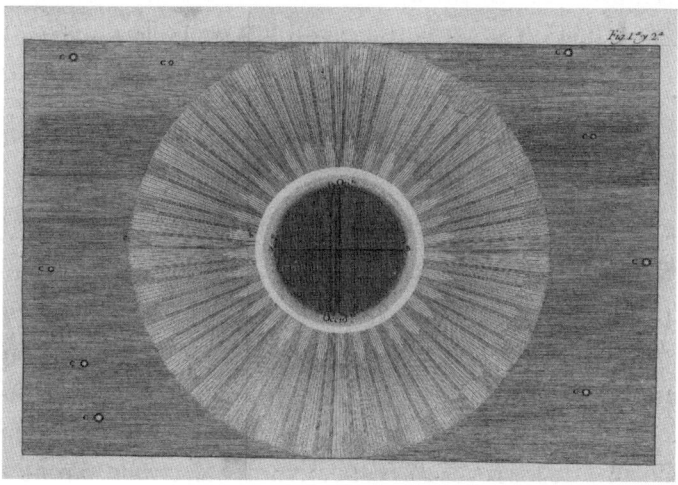

Dibujo que ilustra el estudio sobre el eclipse solar de 1778 realizado por el científico y marino Antonio de Ulloa, que muestra el «anillo refractario de los rayos solares» y la corona visible durante la totalidad, junto con algunas estrellas [Christie's].

fenómeno será posteriormente atribuido a fenómenos ópticos transitorios, propios del instrumento de observación o de la iluminación tangencial de montes o cráteres, aunque personalmente opino que la descripción que hace Ulloa no es incompatible con que se trate de una de las perlas de Baily, que veremos en un próximo apartado. Ulloa cuenta que, para ratificar lo que a él le parecía incomprensible, le pasó el anteojo a otros oficiales, que vieron lo mismo, o sea un destello del Sol cerca del limbo, pero no podemos garantizar que fuera el mismo destello el que vieron todos ellos; también dice que había dificultad en la observación, debido al movimiento del barco y otras circunstancias. No conocían a nadie que hubiera visto o referido aquello; es perfectamente comprensible su asombro. Reitero que, en mi opinión, la «antorcha solar» que vio Ulloa no es otra cosa que una «perla de Baily».

EL NOMBRE PARA UNA CORONA

Además de llamar «ánulo» al «círculo luminoso», Ulloa también emplea una vez el término «corona» resplandeciente, palabra que hoy es igual o similar en otros idiomas. La corona solar se llama *solar corona* en inglés, *Sonnenkorona* en alemán o *solkorona* en sueco, por poner algunos ejemplos en idiomas donde la corona de los reyes es, respectivamente, *crown, Krone y krona*, y creo que esto es así porque el término fue acuñado definitivamente en inglés no muchos años después por otro español, el guipuzcoano Joaquín Ferrer.

El astrónomo, matemático y navegante Joaquín Ferrer y Cafranga se cuenta entre las primeras personas que viajan para estudiar eclipses solares. Con motivo del eclipse del 16 de junio de 1806 se desplazó a los Estados Unidos, y desde Kinderhook (Nueva York) presenció un eclipse total que duró más de cuatro minutos y medio, describiendo que se podían observar «cinco o seis estrellas y planetas». También especifica que durante la oscuridad la temperatura disminuyó hasta el punto de formarse gotas de rocío. Poco después llegó a ser miembro de la American Philosophical Society que había fundado Benjamin Franklin, en donde presentó una memoria sobre ese eclipse que luego sería publicada. La pormenorizada descripción de Ferrer precisa que no observó ningún punto de luz en el disco lunar y que este tenía en todo su perímetro un anillo «o atmósfera iluminada» de color perla, y facilita con precisión sus dimensiones. También indica que la oscuridad no era tanta como él se esperaba, que sin duda había más luz que en una noche de luna llena. También describe cómo del anillo se desprendían unos rayos de luz proyectados «a más de tres grados de distancia» y continúa en un texto que es histórico, pues se trata de la primera utilización en astronomía del término «corona» (así también en el original en inglés): «El disco lunar estaba mal definido, muy oscuro, formando un contraste con la corona luminosa; con el telescopio distinguí algunas columnas muy delgadas de humo que salían de la parte occidental de la Luna. El anillo parecía concéntrico con el Sol, pero la luz más intensa estaba en el borde de la Luna y terminaba de forma difusa». Concluye su exposición razonando por qué puede concluirse que la Luna carece de atmósfera.

LAS PERLAS DE BAILY

Otras joyas fueron asignadas al astro rey en 1836. Fue entonces cuando se dio la primera descripción detallada de las hoy llamadas «perlas (o cuentas) de Baily», pero que ya habían sido observadas por Edmund Halley más de un siglo antes, en el famoso eclipse de 1715. En la citada comunicación a la Royal Society describe:

> *Unos dos minutos antes de la inmersión total, la parte restante del Sol se redujo a un cuerno muy fino, cuyos extremos parecieron perder su agudeza y volverse redondos como estrellas; y, durante aproximadamente un cuarto de minuto, un pequeño fragmento del cuerno sur del eclipse pareció separarse del resto por un buen intervalo y apareció como una estrella oblonga redondeada en ambos extremos (...) apariencia que no podía proceder de otra causa que las desigualdades de la superficie de la Luna, habiendo algunas partes elevadas de la misma cerca del polo sur de la Luna, por cuya interposición parte de ese filamento de luz extremadamente fino fue interceptado.*

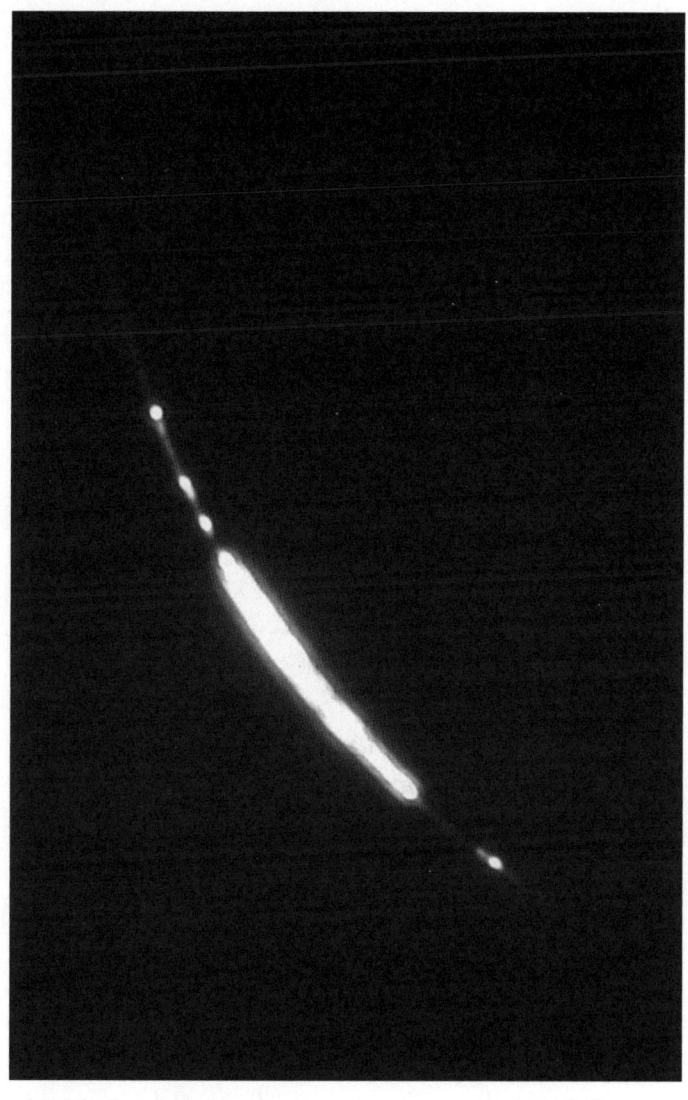

Fotografía del eclipse del 21 de agosto de 2017, tomada cuatro segundos antes de la totalidad. Muestra algunas perlas de Baily [Tom Ruen].

Aquí Halley está acertado. Estaba viendo las perlas de Baily, y como ya he comentado, es plausible que también las hubiera visto Ulloa más tarde, en 1778.

En definitiva, llamamos así a esas «perlas» porque fueron estudiadas y descritas detenidamente por vez primera por el astrónomo británico Francis Baily en el eclipse anular del 15 de mayo de 1836, quien se desplazó a Jedburgh, en Escocia, para observarlo. Son como gotas de luz que se observan alrededor del disco lunar poco antes y después de la ocultación total, y están producidas por la luz solar que vemos brillar cuando penetra a través de los espacios que dejan las montañas lunares. Baily lo describió así en un artículo con el título «On a remarkable phenomenon that occurs in total and annular eclipses of the sun», publicado en el número de diciembre de 1836 del boletín mensual de la Royal Astronomical Society:

> *Una hilera de puntos de luz, como una sarta de cuentas brillantes, irregulares en tamaño y distancia entre sí, se formó repentinamente alrededor de la parte del círculo de la Luna que estaba a punto de entrar, o que podría considerarse que acababa de entrar, en el disco solar. Su formación fue tan rápida que parecía causada por la ignición de un reguero de pólvora. Intenté anotar esto como el momento exacto de la formación del anillo, esperando en todo momento ver completarse el aro de luz alrededor de la Luna, y atribuyendo esta apariencia serrada del limbo lunar (como otros lo han hecho antes que*

yo) a las montañas lunares, aunque la porción restante de la circunferencia lunar era comparativamente lisa y circular, vista a través del telescopio. Mi sorpresa, sin embargo, fue grande al descubrir que estos puntos luminosos aumentaban de magnitud, y algunos de los contiguos parecían unirse entre sí como gotas de agua; pues la rapidez del cambio era tan grande, y la singularidad de la apariencia tan fascinante y atractiva, que la mente se distrajo momentáneamente, perdida en la contemplación de la escena, incapaz de prestar atención a cada detalle.

El fenómeno de las perlas de Baily nos lleva directamente a una última joya: el «anillo de diamante», que puede verse después o antes de ver las perlas en alguna de las fases inicial o final de un eclipse total, cuando solamente queda una de ellas. Se trata de una «perla» extraordinariamente brillante, engarzada en un fino aro de luz, y su primera descripción data de ese mismo eclipse de 1836.

Efecto de «anillo de diamante» visible durante el eclipse solar total del 21 de agosto de 2017 [Sean Riddle].

FLAMMARION ENTRA EN ESCENA

Impresionado por esas visiones, Baily recomendó a los interesados en la astronomía que en el futuro se desplazasen a lugares donde ocurrieran eclipses, y de hecho él dio ejemplo viajando a Pavía (Italia) para ver la ocultación total del día 8 de julio de 1842. Pero este eclipse entró realmente en la historia de la mano del francés Camille Flammarion, el divulgador de la astronomía más popular desde los tiempos de Galileo a los de Carl Sagan. Nacido pocos meses antes de ese eclipse, quizás fue él quien nos dejó un relato más atractivo del evento, apoyándose también en palabras del propio Baily. De su obra *Las Tierras del Cielo. Astronomía Popular* existe traducción al español, debida a José Segundo Flórez (Madrid, 1877). De ella extraigo los siguientes párrafos, en los que he actualizado la ortografía:

> *Entre los diferentes métodos de observación que se han empleado para llegar a conocer la constitución del globo fluido solar y la de su atmósfera, el más fecundo tal vez es el debido a los eclipses.*
>
> *¡Pobres eclipses! ¡Cuántos terrores han causado en otros tiempos a los pueblos ignorantes y supersticiosos! Pero hoy ya el papel que representan los ha trasfigurado completamente, siendo ellos los que han puesto en evidencia los más preciosos descubrimientos sobre la naturaleza del Sol, sobre todo desde que el análisis espec-*

tral ha determinado la constitución química del astro, la de su atmósfera y aun la de las protuberancias que erizan ese brillante globo eclipsado.

En 1842 fue solo cuando los astrónomos fijaron su atención en este asunto. Presentáronse fenómenos que no se habían sospechado siquiera hasta entonces y que fueron como una revelación: un nuevo horizonte parecía ofrecerse a la contemplación de los sabios y no se omitió medio ni diligencia para estudiarle con esmero. En efecto, desde aquella época los astrónomos han hecho a porfía largos viajes para ir a observar cada uno de los eclipses que han tenido lugar.

Un eclipse no empieza a ofrecer verdadero interés científico sino en el momento en que el centro del sol se halla cubierto por la Luna. Entonces principia la luz a disminuir de una manera muy perceptible, y cuando el momento de la totalidad se acerca esta disminución es tan rápida que tiene algo de pavoroso. Lo que más choca entonces no es solo la debilitación de la luz sino principalmente el cambio de color que presentan los objetos. Todo aparece triste, sombrío y como amenazador: el más verde paisaje se cubre de un tinte gris; en las regiones más elevadas y más cercanas al Sol, adquiere el cielo un color de plomo mientras que junto al horizonte aparece de un amarillo verdoso. El semblante de las personas presenta un aspecto cadavérico, como el que produce la llama del alcohol saturado de sal. Este color amarillento y sobre todo

El astrónomo y divulgador científico francés Camille Flammarion mirando por el ocular de su refractor Bardou en el observatorio de Juvisy, instalación privada desde la que realizó observaciones astronómicas y promovió la popularización de la ciencia mediante sus numerosas publicaciones. Juvisy-sur-Orge, Francia, ca. 1885 [Wikimedia Commons].

el repentino descenso de la temperatura parecen revelar una disminución en la potencia vital de la naturaleza.

En estos últimos instantes el segmento del disco solar disminuye con una rapidez sorprendente, quedando muy pronto reducido a un filete delgado que termina en puntas muy agudas. Las montañas del contorno lunar lo dividen a veces en varias partes hasta que por fin desaparece. En seguida cambia la escena de una manera súbita y completa En medio de un cielo color de plomo se destaca un disco enteramente negro circundado de una aureola o más bien una gloria de rayos argentados entre los cuales centellean pirámides de llamas color de rosa.

No queriendo presentar como propios testimonios de un ambiente que no presenció personalmente, Flammarion cede la palabra a Baily, que sí fue testigo de este eclipse, introduciéndolo en estos términos: «Este espectáculo es sublime y terrible a la vez. Para hacerlo comprender mejor traduciremos aquí la descripción que el astrónomo inglés Baily hizo de su propia observación del famoso eclipse de 1842 para la cual tuvo que trasladarse a España».

Aunque aquí debo recordad que Baily no presenció el eclipse desde España, sino desde Pavía (Italia), Flammarion continúa ya con palabras de Baily:

Estaba yo, dice, ocupado exclusivamente en contar las vibraciones de mi cronómetro a fin de anotar el instante preciso de la desaparición total, sumergido en un silencio profundo en medio de la muchedumbre que bullía en las calles, en la plaza y en las ventanas de las casas, y cuya atención se hallaba enteramente absorta por el espectáculo que contemplaba, cuando he aquí que de repente el último rayo de luz desaparece, y yo me encuentro como ensordecido por una explosión de aplausos y de bravos en que prorrumpió en el mismo instante aquella inmensa muchedumbre. Todas mis fibras se electrizaron y un estremecimiento se apoderó de mí. Miro al Sol y me hallo en presencia del espectáculo más espléndido que pudiera inventar la imaginación. El astro del día había sido reemplazado por un disco negro como la pez, circundado de una gloria brillante parecida a la que suele adornar la cabeza de la Virgen o de los santos.

Al ver esto quedé como pasmado y sobrecogido de asombro perdiendo una porción considerable de aquellos preciosos momentos y hallándome a punto de olvidar el objeto de mi viaje. Esperaba yo sin duda, guiado por las descripciones que había leído ver en derredor del Sol, cierta luz pero débil, crepuscular, mientras que me encontré con una aureola brillante cuyo resplandor vivísimo en el borde del disco disminuía gradualmente. Nada de esto había yo previsto.

Pronto me repuse y volví de mi asombro aplicando de nuevo la vista al anteojo, después de quitar el lente negro del ocular. Pero un nuevo espectáculo me esperaba. La corona de rayos que circundaba el disco lunar se hallaba interrumpida en tres puntos por inmensas llamas de color de púrpura cuyo diámetro era como de dos minutos. Aparecían tranquilas presentando el mismo aspecto que las nevadas cumbres de los Alpes alumbradas por el sol poniente. Imposible me fue distinguir si aquellas llamas eran nubes o montañas: cuando me disponía a estudiarlas un rayo de sol brilló en las tinieblas, viniendo a reanimar la naturaleza, pero abatiéndome a mí y sumergiéndome en esa tristeza que experimenta toda persona que ve desaparecer el objeto de sus deseos cuando se creía a punto de alcanzarle.

Más adelante, Flammarion se ocupa de las protuberancias solares, escribiendo: «Con ocasión del eclipse del que acabamos de hablar, fue cuando los astrónomos fijaron su atención es estas protuberancias que se abalanzan en derredor de la Luna como llamas gigantescas de color rosa o flor de durazno. La sorpresa que les causó este fenómeno inesperado no les permitió hacer sobre él observaciones precisas». Aunque tanto las protuberancias como la corona ya habían sido observadas en otras ocasiones, es ahora cuando se comienza a pensar que ciertamente pueden ser propias del Sol, y no de una atmósfera lunar ni de un fenómeno óptico circunstancial del eclipse.

Para finalizar este apartado, volvamos a la corona solar. Ya hemos visto testimonios de hombres de ciencia, pero para que imaginemos el espectáculo que ofrece quiero compartir una anécdota, que estoy seguro motivará aún más a quien esto lea. Se refiere al eclipse del 7 de septiembre de 1858, observado desde Olmos (al norte de Perú), y está contada por un teniente de la marina estadounidense. Traduzco del inglés:

Dos ciudadanos de Olmos estaban de pie a pocos pasos de mí, observando en silencio y esperando con ansiedad la temible disminución de la luz. Desconocían por completo los efectos que seguirían al oscurecimiento total del Sol. Cuando llegó ese momento uno de ellos exclamó aterrorizado: ¡¡La Gloria!! [en castellano en el original], *y ambos cayeron de rodillas, llenos de asombro. Habían apreciado el parecido de la corona con los halos con los que los antiguos pintores señalaban las cabezas de Nuestro Salvador y la Virgen, y consideraron devotamente aquello como una manifestación de la presencia divina.*

V. ¿QUIÉN DIJO MIEDO? ¡VAMOS A DISFRUTAR DE LOS ECLIPSES!

Aunque alguien pueda pensar que estoy cogiendo el rábano por las hojas, curiosamente ya el filósofo Platón (siglo v a. C.) nos dejó un recado cuando puso en boca de su maestro ateniense Sócrates (en el *Fedón*) las siguientes palabras:

> *Después de esto tuve para mí, desde que fracasé en el estudio de las cosas, que era necesario cuidarme de que no me sucediera como a aquellos que miran y observan un eclipse de Sol: a veces algunos pierden la vista por no observar en el agua o en algún otro modo la imagen del sol. Yo pensé algo por el estilo, y temía así quedar completamente ciego del alma, al mirar las cosas con los ojos y esforzarme en ponerme en contacto con ellas por medio de cada uno de los sentidos. Juzgué, pues, que era necesario refugiarme en las proposiciones y buscar en ellas la verdad de las cosas.*

Cinco siglos después, a su vez el orador cordobés Séneca, en sus *Cuestiones naturales,* nos advierte cómo se debe contemplar un eclipse:

Cuando queremos observar un eclipse de Sol, colocamos en el suelo recipientes llenos de aceite o de betún, porque un líquido viscoso no se agita con facilidad y retiene mejor las imágenes que reproduce. Las imágenes no pueden reflejarse sino en líquido tranquilo e inmóvil. Entonces observamos cómo se interpone la Luna entre nosotros y el Sol; cómo este astro, siendo mucho más pequeño que aquel, colocándose delante, le oculta en parte unas veces, si solamente le cubre un lado, y otras por completo.

O sea que ya hace años que estamos avisados. También en relatos del siglo XIII han quedado testimonios de la pérdida de visión en personas que intentaron contemplar ese fenómeno en visión directa. Por ejemplo, el astrónomo francés Guillaume de Saint-Cloud reporta cómo en el eclipse del 4 de junio de 1285, que él vivió en París, la luz solar causó esa ceguera temporal en varios observadores. Habitualmente, en general, los intentos de proteger la vista de los rayos incluían realizar la observación mirando a través de una tela o bien se contentaban, como había descrito Séneca, con el sol reflejado, bien fuera en el agua, en un plato de aceite o en un espejo. Años más tarde, el mismo Saint Cloud, en su obra *Almanaque de los planetas* (1292) sugiere el uso de la cámara oscura para contemplar un eclipse sin riesgos, lo que hizo con sus alumnos de la universidad de Florencia en 1290.

Un grabado, publicado por vez primera en el tratado *De Radio Astronomica et Geometrica* (1545), original del astrónomo y afamado constructor de instrumentos de medida Regnier Gemma Frisius, representa el eclipse de Sol parcial observado por él en Lovaina el 24 de enero de 1544. Esta es la primera ilustración conocida del funcionamiento de una cámara oscura. Se trata de una caja o recinto cerrado y ennegrecido en su interior que dispone de un pequeño orificio en una de sus paredes que permite la entrada de la luz. El fenómeno observado es que en la pared opuesta al orificio se proyecta la imagen invertida del escenario frontal. Este dispositivo ya era conocido en la antigüedad por chinos y griegos, y los árabes lo usaron en el siglo x para observar el Sol.

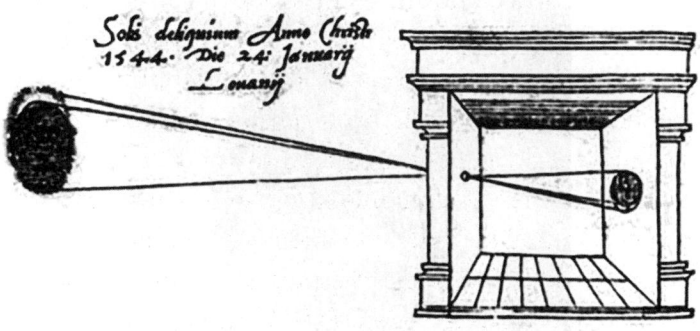

Grabado que ilustra el uso de la cámara oscura para observar con seguridad un eclipse solar, publicado por el matemático y astrónomo flamenco Regnier Gemma Frisius en su tratado *De radio astronomica et Geometrica*, constituyendo una de las primeras documentaciones científicas del empleo de este método óptico para observaciones astronómicas durante el eclipse de 1544.

NACIMIENTO DE LA ASTROFOTOGRAFÍA

La introducción de técnicas fotográficas a mediados del siglo XIX fue desencadenante para un desarrollo extraordinario de la astronomía. El 2 de abril de 1845 los físicos franceses Hippolyte Louis Fizeau y Léon Foucault habían obtenido el primer daguerrotipo del Sol. Lo consiguieron con una exposición de 1/60 segundos y en la imagen del disco solar, de 12 cm de diámetro, podían distinguirse perfectamente varias manchas solares. No solamente era la primera fotografía de una estrella, sino también el testimonio material de que el Sol tenía una superficie irregular, como ya todo el mundo sabía, contribuyendo a desmitificar de una vez su idealización.

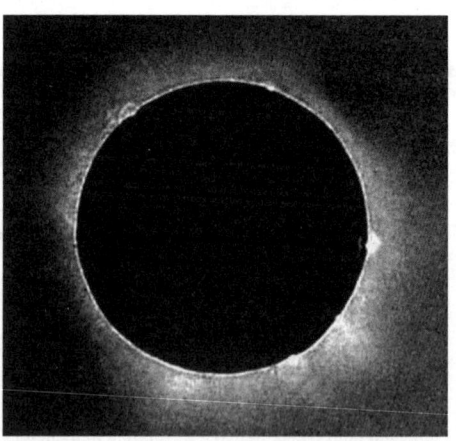

Esta es la primera fotografía de un eclipse. Es un daguerrotipo obtenido por Johann Julius Friedrich Berkowski el 28 de julio de 1851. Se observa la corona solar y algunas protuberancias.

Cinco años antes se había obtenido una fotografía de la Luna. Aunque hay discrepancias a la hora de reconocer quién obtuvo esa primera imagen, el candidato con más posibilidades para merecer ese reconocimiento es el químico John Draper, un profesor en la New York University que anunció su logro el 23 de marzo de 1840. Consiguió un daguerrotipo de nuestro satélite utilizando un telescopio de trece pulgadas (33 cm) y con un tiempo de exposición de veinte minutos. La daguerrotipia, primer procedimiento utilizado para obtener imágenes fijas, había sido presentada por su inventor el francés Louis Daguerre un año antes, el 7 de enero de 1839, en la Academia de las Ciencias en París. En síntesis, consistía en obtener una imagen sobre una placa de cobre bien pulida y recubierta de plata metálica, la cual se sensibilizaba a la luz con vapores de yodo (para formar yoduro de plata, que es fotosensible) y tras ser expuesta (durante varios minutos) se revelaba con vapores de mercurio. La plata se ennegrecía más o menos en cada punto según la cantidad de luz recibida. Un daguerrotipo facilita imágenes muy detalladas y constituye al mismo tiempo positivo y negativo, según el ángulo de observación, pero no permite obtener copias, es una pieza única. Las imágenes se protegían colocando sobre ellas un vidrio y sellando perimetralmente el conjunto.

La primera fotografía de un eclipse solar fue tomada por el fotógrafo profesional Johann Julius Friedrich Berkowski en el Observatorio Real de Königsberg (Prusia, hoy Kaliningrado en Rusia). El 28 de julio de 1851 obtuvo un daguerrotipo pocos instantes después de la centralidad de aquel eclipse total. Utilizó un pequeño telescopio refractor de seis centímetros y le dio una exposición de ochenta y cuatro segundos. Antes de él muchos lo habían intentado, pero fracasaron por exceso o defecto del tiempo de exposición. La placa de Berkowski se conserva en el archivo del Observatorio de la Universidad de Jena (Alemania), y en ella se aprecian perfectamente la corona y algunas protuberancias solares.

ESPAÑA SE ESTRENA COMO DESTINO DE TURISMO ASTRONÓMICO

El 18 de julio de 1860 España fue escenario de un eclipse total de Sol que sería histórico por varios motivos. Como era sabido, la franja de umbra se limitaría a una banda de doscientos kilómetros de ancho que se extendería desde Bilbao a Valencia, siendo el único país de Europa donde podría ser observado en su totalidad. Los preparativos habían comenzado con más de un año de antelación, España acogió a más de treinta expediciones científicas de once países, y por vez primera existió coordinación de astrónomos de nacionalidades diferentes, escogiendo con detenimiento los lugares de observación, para minimizar el riesgo de las posibles dificultades meteorológicas, y distribuyendo previamente las tareas a acometer.

Normalmente se ha destacado la colaboración en esta ocasión entre el inglés Warren de la Rue y el italiano Ángelo Secchi que ciertamente, como veremos, resultó histórica en sus resultados, pero hay que destacar que también se desplazaron a España muchas otras expediciones de otros países, entre las que merece mencionarse, por su excepcionalidad, la de astrónomos rusos, en lo que era su primera salida al extranjero, financiada y organizada por Academia de Ciencias Imperial de San Petersburgo.

Los científicos franceses prefirieron el Moncayo como punto de observación. Entre ellos destacaban el físico y astrónomo Léon Foucault, famoso porque había demostrado con su péndulo la rotación de la Tierra en 1851, y el director del Observatorio de París, el matemático Urbain Le Verrier. Este último estaba legítimamente orgulloso de haber predicho la posición que llevó al descubrimiento del planeta Neptuno en 1846, pero ahora tenía un interés especial en la observación de este eclipse, que no era otro que poder comprobar con sus propios ojos la existencia de Vulcano. Así había bautizado a un hipotético planeta que, aún más cercano al Sol que Mercurio, podría explicar las extrañas anomalías que en la órbita de este planeta había detectado también él mismo. El tema estaba en candelero pues a comienzos de este mismo año de 1860 Le Verrier había podido anunciar satisfecho, en la Academia de Ciencias de París, el descubrimiento de Vulcano por Edmond Lescarbault, un astrónomo aficionado quien afirmó haber observado un tránsito del mismo a través del Sol. Pero Le Verrier quería verlo con sus propios ojos.

Todas aquellas expediciones llevaban un amplio equipamiento, a veces muy voluminoso y pesado, que

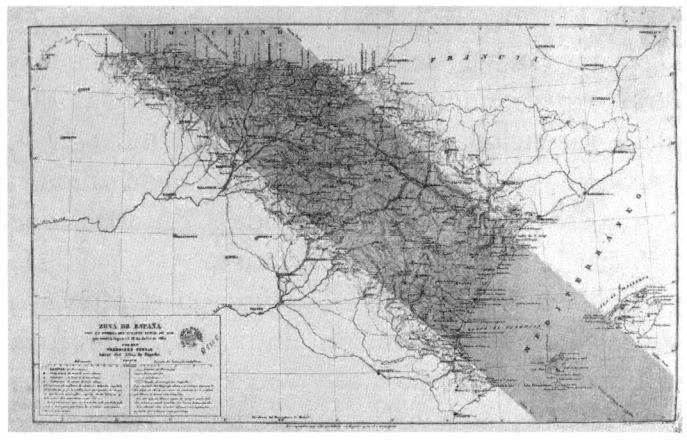

Mapa de sombra del eclipse de 1860 en España [Wikimedia Commons].

incluía teodolitos, barómetros, termómetros, cronómetros, micrómetros, magnetómetros y demás, además del equipo telescópico, fotográfico y los reactivos químicos necesarios. El Gobierno de España había dado instrucciones para que, tanto en las aduanas como en los lugares escogidos para la observación, se prestaran todo tipo de facilidades a los ilustres visitantes y encargó al Observatorio de Madrid la iniciativa en la coordinación de las actuaciones. Como consecuencia, todas las expediciones científicas publicaron posteriormente detallados informes.

La presencia extranjera, el hecho de que por primera vez en la historia se coordinaran los trabajos y el contar con unos equipos de instrumentos antes inexistentes, se tradujo en que las observaciones, con una calidad anteriormente nunca vista, pudieron llevar a unos estudios de gran relevancia, por ejemplo, sobre las protuberancias solares. Hasta entonces todavía había quien pensaba que podrían estar causadas por la interacción de la luz solar con una hipotética atmósfera de la Luna, o incluso ser un efecto óptico de la atmósfera terrestre. El desarrollo de la fotografía hasta entonces no había permitido aún establecer conclusiones. Por ejemplo, el prestigioso astrónomo Hervé Faye, en la revista de la Academia de Ciencias de París, escribe a mediados de ese siglo que en el momento central del eclipse se podían ver las «nubes o protuberancias lunares», asignando —como declara con el calificativo— esos fenómenos al astro eclipsante. Como veremos, la comparación de las fotografías realizadas en esta ocasión por los equipos británico y español permitieron concluir que eran exclusivamente propias del Sol.

THE KEW PHOTOHELIOGRAPH AND TEMPORARY OBSERVATORY AT RIVABELLOSA, NEAR MIRANDA DEL EBRO.—SEE SUPPLEMENT, PAGE 196.

Equipo de Warren de la Rue utilizando un heliógrafo en su expedición para ver el eclipse de 1860 en Rivabellosa, Alava. [*The Illustrated London News*].

LA EXPEDICIÓN HIMALAYA, GEORGE
B. AIRY Y WARREN DE LA RUE

El astrónomo real inglés, George Biddell Airy escogió verlo desde Hereña, cerca de Miranda de Ebro. Comenzaré por decir que Airy es un señor que se ganó la antipatía histórica y ahora es famoso por haber puesto todas las trabas posibles para que el joven matemático John Couch Adams pudiera llegar a verificar los cálculos (correctos) que había hecho para predecir la posición de Neptuno antes de que fuera descubierto; por ello la gloria se la llevó, como quedó dicho, Le Verrier, que llegó a su resultado sin conocer los trabajos de Adams. En esta ocasión, y como astrónomo real, Airy dirigió todos los preparativos de la expedición británica y realizó un pormenorizado informe que publicó el mes de noviembre posterior al eclipse en la revista mensual de la Royal Astronomical Society. Lo que más destacó en su informe es el «extraordinario brillo de Proción y Júpiter tan cerca del Sol». Añade que sus compañeros reconocieron en total nueve objetos celestes, concretando que eran, además de Proción y Júpiter, Regulus, Saturno, Mercurio, Venus, Pólux (o Cástor, tenían dudas), Capella y Arcturus. Aclara que Sirius y Betelgeuse estaban ocultos por las nubes. Para concluir su informe, añade descripciones realizadas por su esposa, Richarda Airy (de soltera Smith), llenas de poesía, que dan comienzo así:

Por fin la luz comenzó a atenuarse, como la de una tarde de verano, y pronto una penumbra comenzó a extenderse gradualmente sobre todo el paisaje, como si se avecinara una tormenta. Las montañas del sur, más allá del Ebro, comenzaron a erguirse extrañamente negras. Luego, un tono verde enfermizo comenzó a extenderse sobre todo el paisaje cercano. Un viento peculiarmente triste y susurrante, frío y fuerte, comenzó a levantarse como si surgiera de entre los grandes y viejos árboles que se alzaban bajo nosotros, en la ladera norte de la colina; y, al mirarlos desde el borde superior, sus masas de color verde oscuro se volvían a cada momento de un verde más intenso, mientras que los viejos troncos blancos brillaban aún más blancos. Las mariposas desaparecieron, pero los vencejos continuaron volando. Estas apariciones se hicieron cada vez más intensas, y todas las «instrucciones» se olvidaron por completo con la emoción del momento. Hizo mucho frío, y me alegré de poder abrigarme con una gran manta escocesa... La media luna se redujo a un hilo, la penumbra era intensa por todas partes. Me impactó especialmente el gemido del viento entre los viejos árboles del bosque allá abajo. Los vencejos habían desaparecido. Una penumbra más profunda llenó el cielo del noroeste y se extendió rápidamente. Había llegado el momento de totalidad: todo el aire se llenó de oscuridad de inmediato, pero era una oscuridad a través de la cual se podían ver claramente la montaña y el valle. Me pareció como si estuviéramos en medio de una lluvia de humo o polvo fino, que, sin embargo, era perfectamente clara, y que no se podía sentir.

Retrato del astrónomo sir George Biddell Airy, séptimo Astrónomo Real de Inglaterra y director del Observatorio Real de Greenwich durante cuarenta y seis años, cuyas expediciones científicas para observar eclipses solares y sus estudios sobre la difracción de la luz contribuyeron decisivamente al desarrollo de la astronomía de precisión victoriana. Ca. 1855-1859 [Maull & Polyblank / National Portrait Gallery, Londres].

Y continua con todo detalle. El informe remata constatando Airy que «El 20 de julio tuve el placer de visitar al señor De La Rue en su puesto de Rivabellosa; y, al admirar su centro de observación, me impresionó mucho la importancia de sus elaborados preparativos preliminares, al proporcionar un instrumento de primera clase y entrenar cuidadosamente a sus ayudantes; preparativos a los que se debe enteramente su éxito». Esa es toda la mención. Añado que Rivabellosa está a menos de 10 km de Hereña.

El químico inglés Warren de la Rue, un fabricante de papel aficionado a la astronomía y que se había especializado en fotografía solar, publicó en las *Philosophical Transactions of the Royal Society* (1862) su amplio e ilustrado informe «Sobre el eclipse solar total del 18 de julio de 1860, observado en Rivabellosa, cerca de Miranda de Ebro en España». En él describe con todo lujo de detalle los motivos que le llevaron a soñar con poder observar este eclipse; llevaba más de un año esperando esa ocasión, desde que en 1858, en Königsberg, tuvo oportunidad de ver el primer daguerrotipo de un eclipse, el que había realizado Berkowski. Además visitó allí al astrónomo alemán Johann Heinrich von Mädler, quien le dio un folleto sobre el que iba a tener lugar en 1860 y un mapa detallado de España con la zona de sombra. Tuvo la suerte de que Airy le invitó a participar en la expedición oficial. Esta partió de Inglaterra el 7 de julio llegando al puerto de Bilbao dos días después, donde desembarcaron treinta y un miembros de la expedición (incluidas la esposa de Airy, la mencionada Richarda, su hija Elizabeth y dos señoras más), y luego siguió a Santander, donde se quedaron los demás. Habían hecho la travesía a bordo del HMS Himalaya, un enorme híbrido de vela y vapor, acondicionado y botado en 1854, que era el buque mayor de entonces (103 m de eslora), capaz de llevar «dos mil soldados o emigrantes». Aquella expedición, formada oficialmente por sesenta personas, entre científicos y acompañantes, se conocería con el nombre de Expedición Himalaya.

La expedición realizó más de cuarenta fotografías, utilizando por primera vez para este propósito un fotoheliógrafo Kew, un tipo de telescopio especialmente pensado para fotografiar el Sol, que había sido diseñado por De la Rue en 1854 por encargo de la Royal Society, tras una sugerencia de John Herschel de que se hicieran fotografías diarias de las manchas solares. El instrumento toma el nombre del Observatorio Kew, en las proximidades de Londres, donde se instaló por vez primera. El telescopio solar que se embarcó en el Himalaya tenía unas características muy específicas: Warren le encargó a John Henry Dallmeyer, un famoso óptico alemán afincado en Londres, un refractor acromático, con un diámetro de 3,5 pulgadas (89 mm) y distancia focal de cincuenta pulgadas (1,27 m); además necesitaba un obturador rápido, que permitiera captar la imagen en la placa de colodión. Con ese aparato conseguirían imágenes que permitieron la ampliación hasta obtener un diámetro del disco lunar de nueve pulgadas (22,86 cm). Warren estaba orgulloso, como veremos, de ese equipamiento, y destaca que el telescopio seguía el movimiento del Sol con tal precisión que las protuberancias no mostraban corrimiento alguno en la imagen.

El colodión era una especie de barniz líquido que se aplicaba a las placas de vidrio y se sensibilizaba con nitrato de plata. Tenía la ventaja de que era mucho más sensible que el daguerrotipo, captando mejor las protuberancias solares con una exposición de pocos segundos (en las fotografías de la totalidad llegó a exponer las placas durante un minuto). La imagen obtenida era un negativo, del que se podían positivar varias copias. Entre los inconvenientes del colodión estaba que el tiempo entre la exposición y el revelado en cuarto oscuro no podía exceder de quince minutos.

Por fin, el día señalado, en las proximidades del castillo de Quintanilla de la Ribera de Rivabellosa, científicos y acompañantes se reúnen habiéndose repartido entre ellos diferentes objetivos para usar durante la observación. El día amaneció nublado, y De la Rue reconoció haber estado muy nervioso cuando a las diez de la mañana no se veía ni una mota de cielo azul entre las nubes; pero afortunadamente, a mediodía comenzó a clarear. En el lugar también había unos doscientos vecinos, entre los que por cierto se hallaba el niño de ocho años Santiago Ramón y Cajal, que había acudido con su padre, que era un gran aficionado a la astronomía. El nobel recordaría aquel evento años después con estas palabras:

El eclipse de Sol del año 60 había sido anunciado por los diarios y fue esperado por la gente con gran impaciencia. Muchas personas, protegiendo sus ojos con cristales ahumados, corrieron hacia colinas donde podían ver el eclipse con mejor comodidad. Llegó la hora anunciada y los cálculos se cumplieron con exactitud. Durante el eclipse, la inquietud llena toda la naturaleza, como me hizo observar mi padre. Para animales y plantas el eclipse es una contradicción, como si de repente las fuerzas naturales que gobiernan su vida fallaran. Comprendía que el hombre tiene en la ciencia un instrumento poderoso de previsión y dominio.

En su informe, De la Rue afirma que nunca había visto tanta oscuridad en un eclipse, y describe el cambio paulatino de color del cielo de azul a violáceo para, una vez observada la corona solar, declarar con admiración que quedó tan impresionado que tuvo que hacer un gran esfuerzo para concentrarse en realizar la tarea que se había propuesto; también afirma que le gustará en un próximo eclipse dedicarse simplemente a disfrutar de la contemplación pura de tan grandiosa experiencia. Pero esta vez, Warren quería hacer fotos de las protuberancias solares, y en ello centró toda su atención. En sus descripciones compara su forma, su tamaño, su intensidad de brillo y sus tonalidades; también realizó numerosos dibujos en colores. Transcurrido el eclipse realizó observaciones sobre las manchas solares, concluyendo que no tenían relación alguna con las protuberancias. El informe continúa narrando con todo lujo de detalles el fenómeno, y quiero aquí reproducir un párrafo que llamó mi atención: «Esperé luego con atención las llamadas cuentas de Baily, pero tales fenómenos no se presentaron, lo cual, sin embargo, no me extrañó en absoluto, pues siempre había creído que surgían, con toda probabilidad, de la perturbación atmosférica de una imagen formada por un telescopio que carecía de una definición perfecta. El Dallmeyer que yo usaba era tan perfecto que no creo que pudiese ver nada de ese estilo». Creo que en las palabras de Warren no hay solamente escepticismo.

OBSERVACIÓN DESDE EL DESIERTO DE LAS PALMAS

A quinientos kilómetros de distancia de allí en línea recta, en el Desierto de Las Palmas, un lugar de la provincia de Castellón, que hemos de aclarar que no es desierto (los carmelitas lo llamaron así porque para ellos fue lugar de meditación) y además las palmas que tiene son en realidad palmitos (*Chamaerops humilis*) —la única palmera autóctona de Europa—, estaba el gran astrónomo jesuita Angelo Secchi, director del Observatorio del Collegio Romano, pionero de la astrofísica y experto en la cromosfera solar. Había sido invitado allí por el director del Observatorio de Madrid, Antonio Aguilar; Secchi encabezaba un grupo internacional que integraba a científicos españoles, entre los que se contaba el propio Aguilar. La participación de Secchi había estado en el aire por dificultades políticas (recordemos que Italia aún no estaba unificada y Garibaldi no desembarcó en Sicilia hasta mayo de ese mismo año), pero el papa Pío IX decidió financiar los gastos de la participación de Secchi, dicen las malas lenguas que como operación de imagen, pero el astrónomo le quedó muy agradecido.

Este equipo obtuvo fotografías de las protuberancias y también de la corona solar, para lo que contó con la decisiva participación de José Monserrat, químico de la Universidad de Valencia y experto fotógrafo. En total obtuvieron catorce imágenes de las fases parciales y cinco de la ocultación total, en las que se dieron

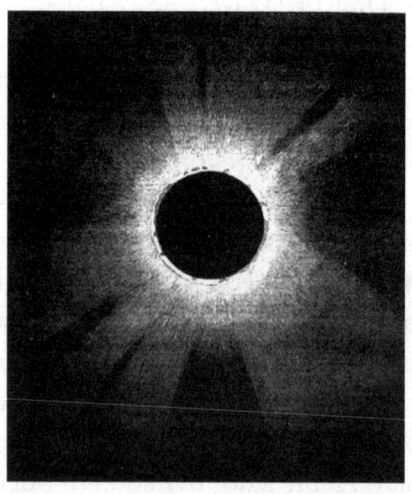

Fotografía de la corona solar en el eclipse del 18 de julio de 1860 tomada por José Monserrat, químico en la Universidad de Valencia que formaba parte del equipo español, dirigido por el italiano Secchi [*Las Tierras del Cielo*, Camille Flammarion, 1877].

intervalos de exposición entre seis y treinta segundos, que fueron suficientes para captar la hermosa imagen de la corona sobre la superficie de colodión. Lo consiguieron colocando directamente la placa en el plano focal del objetivo, sin utilizar el aumento del ocular. El procedimiento sería adoptado posteriormente de forma general a estos efectos. Sobre esa imagen, que era única, Secchi describe: «Admírase en él desde luego la brillante y tenue corona luminosa que rodea inmediatamente el Sol eclipsado, como un anillo de luz deslumbradora, sobre el cual se destacan las protuberancias rosáceas; después, una inmensa cromosfera que se extiende a grande distancia alrededor: por último, rayos espléndidos que atraviesan esa corona formando con ella una gloria». Angelo Secchi publicó en 1870 una extensa obra (mil páginas) sobre el Sol, donde también incluye un apartado sobre espectrografía.

COMPARANDO IMÁGENES

Los equipos británico y español (quiero recordar que en este último el crédito fotográfico hay que dárselo a José Monserrat, aunque Secchi se haya llevado la fama) habían captado cada uno por su parte el eclipse, pero Antonio Aguilar intercambió posteriormente fotografías de la totalidad con otros astrónomos, incluido Warren de la Rue. Así se pudieron comparar las observaciones de protuberancias observadas desde Rivabellosa y desde el Desierto de las Palmas, y se pudo concluir, viendo la ausencia de paralaje, que las protuberancias estaban mucho más lejos que la Luna, o sea que eran fenómenos solares y no algo producto del eclipse. En palabras de Secchi: «El Sol está rodeado de una capa gaseosa que forma un gran receptáculo del que emergen unos chorros gigantescos que caen de nuevo hacia él».

Para explicar lo que es la (o el) paralaje, recuerdo que cuando yo me dedicaba a la enseñanza les pedía a los alumnos este experimento: colocad un dedo en vertical unos dos centímetros delante de la nariz. Cerrad el ojo derecho y describid la posición relativa de ese dedo con respecto a algún objeto que veis al fondo. Ahora, sin mover el dedo, cerrad el ojo izquierdo y dejad otra vez constancia de la posición. El dedo no se ha movido, pero la percepción de su posición cambia, porque hemos tenido dos observadores distintos —uno a cada lado de la nariz— separados unos cuantos centímetros de distancia. A esta discrepancia le llamamos «error de paralaje». Ahora vamos a repetir la experiencia colocando el dedo a la mayor distancia posible, la que el brazo nos permita. Resulta que el (o la) paralaje es menor. Siguiendo esa línea de experiencias, vemos que el error de paralaje disminuye con la distancia. Lo que hicieron Secchi y De la Rue fue colocar dos ojos a quinientos kilómetros de distancia y mirar a las protuberancias solares. Al ver que no había paralaje concluyeron que esas protuberancias no tenían nada que ver con la Luna. Recordemos que el Sol está cuatrocientas veces más lejos de nosotros que la Luna.

VI. EL SIGLO XIX SE DESPIDE REVELANDO SECRETOS DEL ESPECTRO DE LA LUZ

Con la publicación de la *Óptica* de Isaac Newton en 1704 se habían desentrañado los secretos de la dispersión y difracción de la luz, un fenómeno que se ponía de manifiesto, por ejemplo, en el arcoíris. Se había demostrado que un prisma óptico podía descomponer la luz blanca, sin añadir ni quitarle nada, en un «espectro» (así lo llamó Newton) aparentemente continuo con todos los colores que la integraban, del rojo al violeta.

La invención del espectroscopio un siglo más tarde supuso el desarrollo de una nueva ciencia, la espectrometría, que relacionaba la materia con el tipo de luz que esta era capaz de emitir o absorber. Esto permitía, entre otras cosas, identificar la presencia de átomos o moléculas al analizar los espectros luminosos de las distintas sustancias. No todas las luces son iguales, ya a simple vista; no es igual la llama de combustión del alcohol que la del acetileno, y no todas las estrellas son del mismo color. Además, al colocar una brizna de un producto en la llama de un mechero bunsen vemos que aparecen coloraciones nuevas y si descomponemos esa luz —por ejemplo, con un prisma triangular—, en todos los colores que la integran, un químico podría detectar la presencia de muchos iones metálicos. Del mismo modo, el análisis espectral de la luz de las estrellas o del Sol permitiría identificar en ellas la presencia de elementos químicos.

A comienzos del siglo XIX, tras la invención del espectroscopio y las primeras observaciones del británico William Hyde Wollaston, que le llevaron a descubrir unas delgadas líneas negras en el espectro del sol, el astrónomo y físico bávaro Joseph von Fraunhofer comenzó a estudiar con detalle diferentes tipos de luces. Así comprobó que el espectro de la luz solar, obtenido en su caso con una rejilla de difracción, no es continuo, sino que tiene numerosas líneas delgadas en negro, o sea que hay determinados colores, muy específicos, que faltan. Esas líneas constituyen lo que llamamos el espectro de absorción; Fraunhofer llegó a medir cuidadosamente la longitud de onda de cada una y contar 574 de ellas, que hoy se conocen como líneas de Fraunhofer o líneas de absorción, y son unas cuantas entre los millones que ya se han identificado. Los análisis de Fraunhofer, realizados por primera vez en 1814, serían explicados de modo exhaustivo por Kirchhoff y Bunsen en 1859 como veremos. Fraunhofer fue también el primero en comprobar que los espectros de Sirio y otras estrellas son diferentes entre sí, y también difieren del espectro solar. A partir de entonces muchos astrónomos comenzaron a pensar en todas las posibilidades que ofrecía la espectrografía para conocer detalles del Sol y las estrellas.

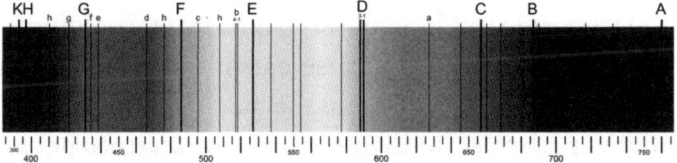

Espectro solar con las líneas de Fraunhofer, identificadas mediante letras según la nomenclatura del óptico alemán Joseph von Fraunhofer y con sus longitudes de onda marcadas en nanómetros, donde las líneas negras representan frecuencias específicas absorbidas por elementos químicos presentes en la atmósfera solar o terrestre, descubrimiento realizado en 1814 que permitió el desarrollo de la espectroscopia astronómica y la identificación de la composición química de las estrellas [Wikimedia Commons].

El físico prusiano Gustav Kirchhoff y el químico alemán Robert Bunsen descubrieron que cada elemento químico tenía asociado en su espectro un conjunto determinado de líneas, y dedujeron que las bandas oscuras en el espectro solar las causaban los elementos químicos de las capas más externas del Sol, porque cada uno de ellos absorbía determinadas longitudes de onda de la luz blanca generada en el interior. Cada elemento químico se excita a su manera, tomando de la luz sus «rayas» preferidas, y solamente esas. Además, algunas de las bandas de Fraunhofer eran debidas a la absorción originada por las moléculas de oxígeno en la atmósfera terrestre. Así se explicaban los espectros de absorción.

El físico prusiano Gustav Kirchhoff y el químico alemán Robert Bunsen.

Del mismo modo, se observó que un gas cualquiera comenzaba a emitir luz si se calentaba lo suficiente, pero cuando esa luz se pasaba por un prisma para analizar su espectro lo que aparecía eran unas pocas bandas correspondientes a colores muy determinados sobre un fondo negro. Kirchoff y Bunsen explicaron por qué, como había advertido Léon Foucault, las líneas de absorción de cada elemento químico coinciden con las líneas luminosas de ese mismo elemento cuando emite. En resumen, los espectros de la luz constituyen códigos de barras o huellas dactilares que identifican los elementos químicos y las moléculas.

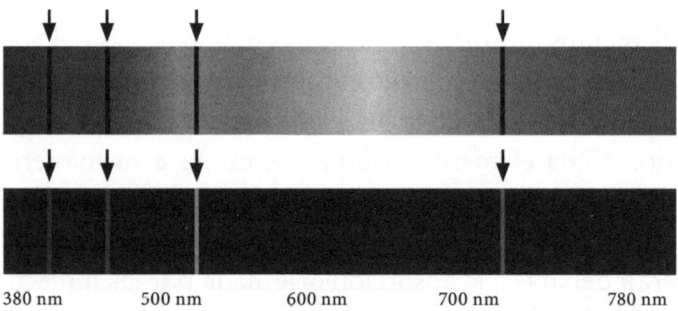

| 380 nm | 500 nm | 600 nm | 700 nm | 780 nm |

Espectros de absorción (superior) y emisión (inferior) del hidrógeno, mostrando las líneas espectrales de la serie de Balmer en el rango visible del espectro electromagnético. El espectro de absorción presenta líneas negras sobre un fondo continuo donde el hidrógeno frío absorbe longitudes de onda específicas de la luz que lo atraviesa, mientras que el espectro de emisión muestra líneas brillantes sobre fondo oscuro correspondientes a la luz emitida por átomos de hidrógeno excitados al regresar a estados de menor energía. Las flechas señalan que ambos espectros presentan líneas en idénticas posiciones, confirmando que absorción y emisión corresponden a las mismas transiciones electrónicas cuantizadas, principio fundamental que permitió a los astrónomos identificar la composición química de las estrellas y que durante los eclipses totales reveló la presencia de helio en la cromosfera solar antes de su descubrimiento terrestre.

CÓMO DESCUBRIMOS EL HELIO, UN ELEMENTO EXTRATERRESTRE

Era de esperar que la nueva técnica de espectrografía captara el interés de los astrónomos hasta grados de entusiasmo. Cuando el francés Pierre Jules Janssen fue a la India, a observar el eclipse total de Sol del 18 de agosto de 1868, lo que quería era estudiar los espectros emitidos por las protuberancias solares. Lo que no se imaginaba es lo que llegó a encontrar: en el espectro de emisión del destello con el que comienza a finalizar la ocultación total, en la cromosfera solar había una línea brillante de luz amarilla que nunca se había registrado antes, en ningún elemento químico conocido. Tenía una longitud de onda de 587,49 nanómetros. Era próxima a la línea amarilla del sodio, o doblete del sodio, que consiste realmente en dos líneas próximas, de 589,0 nm y 589,6 nm, pero no era lo mismo. El inglés Joseph Norman Lockyer, otro astrónomo aficionado a analizar los espectros (y que el año siguiente fundaría la revista *Nature*), observó dos meses más tarde con su espectroscopio la existencia en la luz solar de la misma línea amarilla de aquella longitud de onda que había detectado Janssen, y años después terminó concluyendo que no podía explicarse por ningún elemento químico conocido. Lockyer supuso que se trataría de algo existente solamente en el Sol, con lo que se decidió llamar *helium* al nuevo elemento («Helios» en griego es Sol).

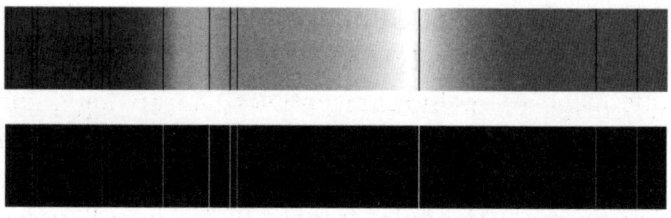

Espectros de absorción (superior) y emisión (inferior) del helio, elemento químico descubierto en la cromosfera solar durante el eclipse total de 1868 por los astrónomos Pierre Janssen y Norman Lockyer mediante espectroscopia, recibiendo su nombre del griego Helios (Sol) al identificarse en el astro veintisiete años antes de su aislamiento en la Tierra.

Hoy sabemos que el helio es, después del hidrógeno, el segundo elemento en abundancia del universo, la mayor parte del cual se formó minutos después del Big Bang. Ahora continúa apareciendo nuevo helio, en los procesos de fusión nuclear que tienen lugar en el interior de las estrellas, pero también se produce como radiación alfa en la desintegración natural de algunos núcleos de elementos radiactivos. Durante treinta años se supuso que aquel elemento existía solamente en el Sol, hasta que en 1895 el químico británico William Ramsay pudo observar la misma línea espectral en el gas que se liberaba al tratar con ácido la cleveíta, un mineral radiactivo de uranio. La presencia de helio atrapado en el mineral se explica por la mencionada emisión de partículas alfa en la desintegración del uranio.

Pronto se descubrió que el helio en condiciones normales no reaccionaba químicamente con nadie, con lo que en la tabla periódica de los elementos se le incluiría en un grupo recién creado que el propio

Ramsay había anunciado en 1894 con el descubrimiento del argón, el primero de esa familia de gases que luego se apellidaron «nobles» en analogía con los metales nobles, por su baja tendencia a reaccionar químicamente. El argón formaba parte de la atmósfera terrestre, alrededor de un 1 %. Ramsay descubriría luego en 1898 el kriptón, neón y xenón por licuefacción y destilación fraccionada del aire. El radón, gas hoy famoso por sus características radiactivas, también fue descubierto por entonces como «emanación» del radio. A comienzos del siglo xx, tras aceptar el descubrimiento del helio y argón, Mendeléyev incluyó oficialmente un nuevo grupo de elementos en su sistema. Era una familia singular de la tabla periódica, cuya existencia comenzamos a imaginar al descubrir la presencia en el Sol de su integrante más ligero, el helio, durante un eclipse en 1868.

Sello postal conmemorativo (URSS, 1969) del centenario de la tabla periódica de Dmitri Mendeléyev, químico ruso que en 1869 organizó los elementos según sus propiedades atómicas y predijo la existencia de elementos aún no descubiertos [Olga Popova/Shutterstock].

Mientras Ramsay se dedicaba a descubrir nuevos gases en la Tierra, su colega ruso Dmitri Mendeléyev, que ya había publicado su hoy archiconocida tabla periódica de los elementos, planificó ver el eclipse del 19 de agosto de 1887 (fecha en gregoriano, que para ellos era el 7 de agosto) desde un globo. Con él iba a ascender como piloto, a 3500 m de altura desde cerca de Moscú, un tal teniente Kovanko. El exceso de peso y el hecho de que lloviznaba y hacía mal tiempo hicieron que Kovanko propusiera suspender la ascensión. Mendeléyev quería, si cabe con mayor razón, ver el eclipse desde encima de las nubes y decidió subir en solitario, y lo hizo. A sus cincuenta y tres años Dmitri no tenía experiencia alguna en el manejo de globos lo que, junto a la oscuridad generada por el eclipse, causó gran inquietud en su joven esposa de entonces, Anna Ivánovna Popova, a la que tuvieron que acompañar a casa con un ataque de ansiedad, pero él no se preocupó de cómo podría bajar hasta que finalizó todo y completó sus observaciones, sobre todo las relativas a la corona solar.

Dibujo del químico Dmitri Mendeléyev ascendiendo en solitario para poder ver en Moscú, por encima de las nubes, el eclipse de agosto de 1887 [Sovfoto/ Universal Images].

LOS ÚLTIMOS ECLIPSES DEL
SIGLO XIX EN ESPAÑA

El eclipse del 22 de diciembre de 1870, visible desde el sur de la península ibérica, es histórico porque permitió estudiar con mayor detalle que nunca las protuberancias solares. También lo es porque la ocultación fue absolutamente total, al encontrarse la Luna muy cerca del perigeo (solamente día y medio de diferencia), lo que significa que su tamaño aparente era máximo. Entre los numerosos científicos que acudieron a observarlo se encontraba el estadounidense Charles Augustus Young, otro astrónomo especializado en espectrografía solar, que había realizado buenas fotografías de fulguraciones o llamaradas solares. En aquella ocasión, Young tuvo oportunidad de obtener por vez primera con su espectroscopio las líneas de lo que él llamó un *flash spectrum* (espectro fulgurante o de destello), propio de la cromosfera, con una duración de un segundo y medio, imposible de registrar normalmente por el resplandor de la fotosfera. La duración es tan pequeña debido a que la cromosfera tiene escaso espesor, y la Luna cruza tan rápidamente que la deja ver solamente durante ese *flash,* que tiene lugar al comienzo y al fin de la totalidad.

Recordemos que la cromosfera se llama así por su coloración rojiza. El estudio del espectro obtenido proporcionó información sobre la naturaleza física de esa capa de la atmósfera solar. Dos años más tarde Young ratificó una relación entre las llamaradas solares y las tormentas magnéticas terrestres, como ya

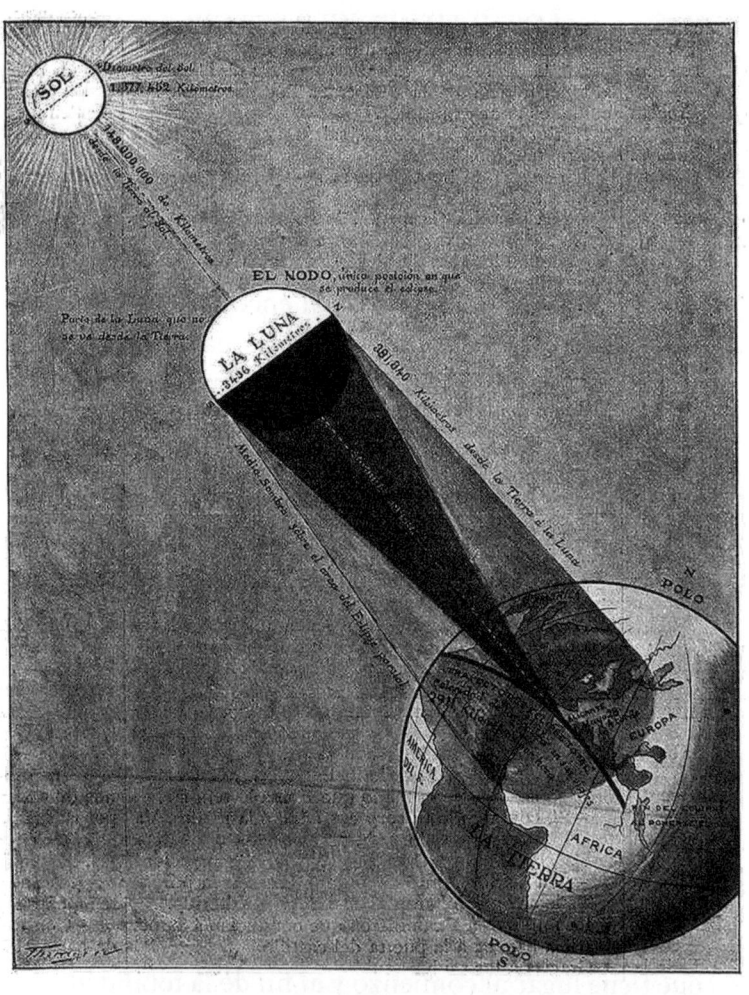

Diagrama del eclipse de Sol total del 28 de mayo de 1900
[*La ilustración artística*, 4 de junio de 1900].

144

había constatado el británico Richard Carrington en la tormenta solar de 1859, la más intensa de la historia. A este respecto conviene recordar la diferencia entre llamaradas, también llamadas fulguraciones y erupciones solares, que son fenómenos repentinos y de duración limitada (de unos minutos a pocas horas) y las protuberancias solares, que son estructuras brillantes de gas que salen del Sol a manera de arco y pueden durar días o incluso meses.

El último gran eclipse del siglo XIX en España tuvo lugar el 28 de mayo de 1900 y supuso la consagración de un antaño inexistente «turismo astronómico». Comenzando por los profesionales; en esa ocasión acudieron a España para observar el eclipse astrónomos de toda Europa, equipados con todo lujo de aparatos, incluyendo por supuesto los últimos espectroscopios. Entre ellos estaban el ya citado inglés Norman Lockyer, que a los méritos relatados añadiría el ser fundador de la arqueoastronomía; el escocés Ralph Copeland, descubridor de treinta y cinco objetos del NGC (Nuevo Catálogo General de objetos del cielo profundo, como nebulosas y galaxias), y el francés, también antes citado, Camille Flammarion, sin duda el astrónomo más popular del momento, que lo era también en España, no en vano su libro de divulgación se había editado con éxito en castellano. Todo el mundo acudía equipado convenientemente. Como detalle anecdótico apunto que las expediciones inglesa y escocesa, que acudirían a Elche, llegaron al puerto de Santa Pola con 109 cajas de instrumentos, con un peso total de 6,5 toneladas. No tan anecdótico, pero sí histórico, es el hecho de que en la delegación británica figuraban dos astrónomas profesionales: Jessie McRae y Lady McClure. Por cierto, que también se acercó a Elche el joven astrónomo y divulgador barcelonés Josep Comas i Solà, encargado por la Real Academia de Ciencias y Artes de Barcelona para encabezar una misión.

No era sencillo encontrar ubicaciones para aquella observación; primero, porque la zona de totalidad era muy estrecha, de escasamente 70 km, con una duración prevista de ocultación de solamente 80 s. Pero además, por el volumen de los equipos transportados, se requería que esas localidades tuvieran fácil acceso, lo que entonces significaba casi únicamente el ferrocarril. Las recomendaciones de la asociación astronómica incluían las ciudades de Plasencia y Navalmoral de la Mata en la provincia de Cáceres, Argamasilla de Alba y Alcázar de San Juan en Ciudad Real, así como Santa Pola y Elche en Alicante. El evento causó una expectación que no tenía precedentes. Recojo algunos testimonios: para ir a Plasencia «la compañía ha formado cinco trenes extraordinarios; pero así y todo se han quedado en tierra más de mil personas. Los billetes despachados pasan de cuatro mil». Según Domingo Quijada, cronista oficial de Navalmoral:

La fiebre por observar tan extraordinario fenómeno astronómico desde la zona de oscuridad hizo que, el día antes del eclipse, se hubieran vendido más de cuatro mil billetes de ida y vuelta de Madrid a Navalmoral de la Mata en vagones de trenes de primera, segunda y tercera clase, al precio de tres pesetas para grupos de más de tres personas. Pero el día del eclipse se desbordaron todas las expectativas y, ante la enorme demanda, se expidieron nuevos billetes con un recargo de hasta el 25 % sobre su precio original. A primera hora de la mañana partieron desde la estación de Delicias en Madrid tres trenes hacia Navalmoral, con más de un millar de pasajeros cada uno de ellos. Tras los tres primeros trenes, un cuarto tren de lujo, con más de cuatrocientos viajeros, y un quinto con más de mil, abandonaron ese lugar.

Fotografía publicada en la revista *Nuevo mundo* con el pie: «Navalmoral. Esperando el momento».

Para contextualizar, debo añadir que entonces el salario de un trabajador en el campo era de dos pesetas al día. Y que el viaje en tren de Madrid a Navalmoral duraba unas seis horas. Otra fuente señala que «siete mil personas llegaron en distintos trenes desde la estación de Delicias en Madrid». Como curiosidad apuntaré que, en un informe realizado por un astrónomo extranjero, hace constar una queja del tiempo que tardaba el ferrocarril en cada estación por el gran número de pasajeros que tenían que subir (de Madrid a Navalmoral), que casi les obligó a ver el comienzo del eclipse desde el tren. En sus propias palabras: «miles de españoles vieron el eclipse desde la estación» y añade «incluso una corrida de toros no tendría tal concurrencia». Ver la corona solar era el principal foco de atracción, todos sabían que era la única oportunidad que tendrían en su vida.

Se había considerado que Navalmoral era de las mejores ubicaciones para observar el fenómeno en España, tanto por sus habituales condiciones meteorológicas como por la ventaja que suponía allí la altura del Sol en el momento de su ocultación, así como la mayor duración del evento. El cronista Domingo Quijada también incluye observaciones del entorno:

Al comenzar el eclipse, no había más que una cigüeña en cada uno de los nidos que hay en la torre de la iglesia, pero a las 3 h 39 m vuelven todas a sus nidos. Las ovejas, dentro de sus rediles en el campo, se muestran inquietas al llegar la máxima fase del eclipse y balan casi todas.

También el ganado vacuno revela desasosiego y los vaqueros lo contienen, pues tratan de desbandarse. Las abejas, al llegar el momento culminante, se alborotaron y mudaron de lugar...

Los relatos de este eclipse en España publicados en el extranjero están plagados de detalles. Todos se deshacen en elogios hacia la acogida recibida. Cuentan, por ejemplo, que se pusieron a su disposición palacios de nobles, siempre con recepciones oficiales en el ayuntamiento, comidas acompañadas por banda de música, serenatas y demás. Los visitantes confiesan que las palabras «eclipse» o «astrónomo» les abrían todas las puertas. Y digo que también abrían los ojos, pues me ha llamado la atención el que hayan querido registrar en Manzanares su extrañeza por no haber visto lo que esperaban ver. Traduzco del informe de H. Keatley Moore: «No vimos ni un solo borracho en Manzanares y, lo que era mucho más asombroso para cualquiera que viajara por España, ni un solo mendigo. Presionamos a don Pedro para que nos explicara estos fenómenos. Su respuesta fue curiosamente convincente. No había nadie en Manzanares tan pobre o degradado como para mendigar; y en cuanto a la borrachera, no tenían tiempo para esas tonterías». (Don Pedro era el alcalde de la ciudad, Pedro Antonio Caleros y Carrascosa). Según Moore, don Pedro «evidentemente, estaba muy orgulloso de la laboriosidad y sobriedad de su pueblo, que impresionaban incluso al forastero. Manzanares cuenta con un buen suministro de luz eléctrica y agua potable, ambas obras municipales; y nos manifestaron su lamento porque llegamos demasiado pronto para la inauguración de la plaza de toros, que acababa de terminarse».

Si todo en este eclipse resultaba multitudinario, en Elche se batieron todos los registros. La ciudad alicantina recibió como visitantes a 25 000 personas, sobre todo de Inglaterra, Escocia y Francia (entonces Elche tenía 27 308 habitantes). Algún cronista refiere que en febrero ya se habían agotado todas las reservas de habitaciones. Camille Flammarion («el más mediático de los astrónomos»), entonces presidente de la Sociedad Francesa de Astronomía, acudió allí con su esposa. Llegaron en tren, y en la estación estaba para recibirles una multitud acompañando al alcalde. Flammarion realizaría luego la observa-

Ilustración del eclipse solar total del 28 de mayo de 1900 realizada por el abad Théophile Moreux, astrónomo y meteorólogo francés que viajó a España junto a Camille Flammarion para observar la totalidad desde Elche, donde dibujó la corona solar y las protuberancias visibles durante el oscurecimiento. [Abad Théophile Moreux / Universidad Miguel Hernández].

ción del eclipse desde la terraza de la casa de campo del alcalde. El inicio del contacto se anunció allí con un cañonazo, y hubo otro al inicio de la totalidad. Al finalizar, con su habitual tono, que ha sido calificado de poético y místico, Flammarion declaró a los periodistas que «la luz se debilita considerablemente y su palidez es a la vez extraña y siniestra... asume un tinte angustioso».

De la prensa de la época reproduzco: «La Asociación Británica de Astronomía pasó a la historia no solo por sus estudios realizados desde la terraza de un bar frente al Hotel La Confianza, sino también por ser una comitiva formada por más mujeres que hombres: las astrónomas Lady McClure y Miss Jessie McRae». Efectivamente (hay cosas que merecen repetirse), la Asociación Británica de Astronomía había enviado dos expediciones. Una de ellas fue a Navalmoral, y la otra estaba formada por Lady McClure, Miss Jessie McRae y Mr. E. W. Johnson, que llegaron a Santa Pola. Allí les llamó la atención la gran cantidad de carteles anunciadores del eclipse puestos en las calles, con imágenes de estrellas, cometas, monstruos y dragones, sin duda para motivar al ciudadano sobre el evento. Recojo otra frase que resume a mi parecer el momento que nos ocupa (recordemos que hablamos de un eclipse): «Ante la atenta mirada de toda la población, comenzaron a cambiar de color las casas y las palmeras, el Sol palideció y la temperatura bajó de manera sensible a la par que crecía la emoción del público congregado».

UNA CRÓNICA DE SOCIEDAD

En este relato que, como los lectores habrán comprobado, se ha convertido en una crónica de sociedad, hay que incluir algún detalle astronómico, como el que relata la presencia de Mercurio (brillando muy cerca, «como un sol en miniatura») y de Venus, que describen estéticamente: «Venus y Géminis en el oeste estaban perfectamente equilibrados por Júpiter y Escorpio en el este». Además de Cástor y Pólux (Géminis), otros observadores afirman haber visto durante la ocultación a Proción, Capella, Sirio, Betelgeuse, Rigel y Aldebarán. También tenemos descripciones detalladas y dramáticas, que muestran el grado de subjetividad en el relato de los cambios de color (recordemos que seguimos en el siglo XIX):

> *Y este efecto se ve intensificado por la extraña coloración que se observa en la tierra y el cielo. Todo matiz que parezca hablar de vida o calidez en los objetos circundantes se desvanece y es reemplazado por el espantoso tono de la descomposición. Todas las flores parecen marchitas, la hierba y los árboles cambian su verde vital por plomo, los rostros de los observadores pierden todo rastro de salud y se vuelven no solo pálidos sino lívidos. Mientras que arriba, el azul del cielo ha cambiado a un púrpura fúnebre, profundo y casi negro, y alrededor del horizonte, donde la luz es mucho más intensa, hay resplandor de un oro furioso, una luz de azufre no exenta de tintes rojos.*

Mi anécdota favorita de este eclipse la refiere el botánico John Nugent quien, tras hablar del comportamiento de una flor de *Eschscholzia* (amapola de California) durante la ocultación, refiere el caso de un escocés que, teniendo la costumbre de tomar whisky con agua todas las noches, se sintió tan afectado al acercarse la fase de totalidad en ese día, y pensando que realmente llegaba la noche sintió un impulso irresistible y se apresuró a buscar su bebida habitual. *Se non è vero è ben trovato.*

Por otra parte, es necesario mencionar que este fue el primer eclipse solar que fue filmado en su integridad, solamente cinco años después de la primera película de los hermanos Lumière. La grabación fue realizada con cinta de 3,5 pulgadas por el ilusionista e inventor británico John Nelvin Maskelyne, en una expedición a Carolina del Norte (Estados Unidos). Maskelyne se hizo famoso poco después por ser el primer *hacker* de la historia, al interferir en 1903 una demostración pública del telégrafo inalámbrico de Marconi que había organizado la Royal Institution en Londres. Hay que resaltar que la patente de aquel dispositivo, que permitía enviar mensajes en código morse sin necesidad de cables, incluía (teóricamente) la imposibilidad de interceptar la comunicación. Esa actuación de Maskelyne fue clave para que se mejorasen los mecanismos de protección de los mensajes telegráficos.

Probando el telescopio instalado en el campo de fútbol en Burgos para la observación del eclipse solar total del 30 de agosto de 1905, que atravesó España con una banda de totalidad de 200 km de ancho, atrayendo expediciones astronómicas internacionales equipadas con instrumentación especializada para registrar la corona solar y realizar mediciones espectroscópicas. Burgos, 1905 [Archivo Municipal de Burgos].

VII. LOS PRIMEROS ECLIPSES DEL SIGLO XX Y LA CORONACIÓN «SOLAR» DE EINSTEIN

El 30 de agosto de 1905 tuvo lugar el segundo de los tres eclipses totales que, a caballo entre dos siglos y en poco más de un decenio, fueron conocidos internacionalmente como «los eclipses españoles», dadas las favorables condiciones que presentaba nuestro país para su observación. El anterior, como hemos visto, tuvo lugar en 1900 y el siguiente fue en 1912. Este de 1905 presentaba un gran atractivo, con una franja de totalidad de doscientos kilómetros de ancho y una duración de tres minutos, lo que hizo que de nuevo numerosos astrónomos de todo el mundo nos visitaran. Los objetivos científicos eran fundamentalmente dos: observar la corona solar con las técnicas de espectrografía que los nuevos instrumentos hacían posible y descubrir algún posible planeta más cercano al Sol que Mercurio, al que podríamos hacer responsable de las irregularidades observadas en la órbita de este último; como había imaginado le Verrier. Además, hasta resultaba que el Sol se encontraba en un período de máxima actividad, con lo que se esperaba observar un gran número de protuberancias.

Por supuesto que había otros objetivos en función de cada uno. Para el astrónomo y divulgador Josep Comas i Solà, primer director del recientemente creado Observatorio Fabra en la montaña del Tibidabo (Barcelona), se trataba de realizar lo que para él sería la primera filmación de un eclipse, aunque (seguro que él no lo sabía) ya hemos indicado que Maskelyne grabó el de 1900. Pero esta película suya tendría una mayor aportación científica. Comas utilizaría una cámara que le prestó la casa Gaumont de París, la más experta del mundo, aplicada a un «espectroscopio de protuberancias» (un telescopio con filtro), para grabar lo que él llamaba «espectro relámpago» (*flash spectrum* o espectro fulgurante) y registrar las longitudes de onda propias de la emisión de los elementos de la cromosfera. Como vimos con Young en el eclipse de 1870, el espectro fulgurante es observable durante unos pocos segundos, justo antes y después de un eclipse total, cuando la fotosfera es ocultada por la Luna. Comas se desplazó para ello al frente de su equipo hasta Vinaroz (Castellón) donde durante el eclipse pudo estudiar la forma, tamaño y estructura de la corona solar, pero se quedó con las ganas de filmar el espectro de fulguración, porque no llevaron película suficiente (tenían solamente veinticinco metros) y el rollo se acabó un minuto antes de comenzar la totalidad. Evidentemente, Comas y Solá trataría de aprobar esta asignatura pendiente en el siguiente eclipse previsto, el de 1912. Aquel de 1905 duró en Vinaroz 3 min y 56 s, aunque allí una nube lo mantuvo oculto durante un minuto.

Una fotografía de aquella corona solar fue luego portada de la revista de divulgación *El Mundo Científico*, que había comenzado a publicarse en Barcelona en 1899 y cuya cabecera anunciaba «novedades de la ciencia» y «secretos de la industria», para definirse en un subtítulo como «periódico resumen de adelantos científicos y conocimientos útiles aplicables a las artes, a la industria y a la agricultura». Creo necesario contextualizar la existencia de esa publicación —y ver lo que ello significa— si recuerdo que entonces nuestro país contaba con doce millones de analfabetos en una población de 18,6 millones de personas. Ese eclipse en España fue visible en otras ciudades como Coruña, Gijón, Valladolid, Burgos (a donde acudió a presenciarlo Alfonso XIII con su familia) y Zaragoza, así como en la costa mediterránea, en el tramo desde Tarragona a Valencia.

Por supuesto que no encontraron ningún planeta más próximo al Sol que Mercurio (como el lector ya suponía); la retrogradación del perihelio de Mercurio sería posteriormente explicada en 1915 gracias a la teoría general de la relatividad de Einstein.

SOLAMENTE UN PARPADEO DEL SOL

El tercer eclipse de la serie, el 17 de abril de 1912, era esperado con mucha expectación, pero sabiendo que su observación resultaría dificultosa. Se trataba de un eclipse muy peculiar, llamado mixto o híbrido (total-anular) dependiendo de la ubicación. La franja de totalidad era muy estrecha (calculada en solamente 166 m) y su duración sería de escasos segundos, dependiendo de las fuentes, pues alguna habla incluso de fracciones de segundo; ello era porque el cono de sombra de la Luna apenas tocaba la superficie terrestre. Este es el último eclipse que se ha podido ver en nuestra península, y los únicos lugares para presenciarlo estaban en una delgada línea que atravesaba, desde Oporto hasta Gijón, el interior de Galicia y Asturias.

Mapa que representa la banda de totalidad en el eclipse de 1912. Puede comprobarse que se reducía a unos pocos kilómetros de ancho, entre Oporto y Gijón.

Dadas esas condiciones límites, hubo una gran polémica previa sobre si el eclipse era total o no y sobre la situación exacta de la línea del máximo. El director del Observatorio de Madrid, Francisco Iñíguez, en un artículo advertía:

Situarse bien es la primera dificultad grave que en este caso habrá que vencer. Porque en el eclipse que nos ocupa es condición indispensable, para lograr algún éxito en muchos de los problemas que en los eclipses hay que resolver, situarse en un punto de la línea del eclipse central. Para ello solo contamos con los mapas de la localidad atravesada por la banda del eclipse total, y aunque estos mapas son muy suficientes para muchas aplicaciones, también es cierto que las posiciones geográficas de los pueblos en ellos situados no son más que aproximadas. Y habrá de suceder que un astrónomo que haya elegido un lugar para sus observaciones, cuando se traslade a él y determine, mediante observaciones y cálculos prolijos, su verdadera posición, encontrará probablemente que no solo no está en la línea del eclipse central, pero ni siquiera en la zona totalmente eclipsada.

Comas y Solà escogió como lugar de observación la localidad del Barco de Valdeorras (Orense), instalándose en la orilla derecha del río Sil, donde hoy se ubican numerosas plantaciones de uvas godello y mencía. De los apuntes tomados aquel día publicó una serie de artículos, de uno de los cuales recojo lo siguiente:

Para la observación de la corona, el procedimiento más práctico en este eclipse, en mi concepto, era el visual; es decir, observarla visualmente y luego, rápidamente, trasladar al papel la forma y aspecto observados. Así se hizo; aquí se reproduce esta imagen. Quien recuerde las coronas de los eclipses de 1900 y 1905, notará con sorpresa la enorme diferencia que media entre esta y aquellas formas. No obstante, la última forma se acerca mucho más a la de 1900 que a la de 1905, debido a estar el Sol, en la actualidad, en un acentuado mínimo de actividad, como ocurrió en 1900; pero, esta vez, la pasividad solar es extraordinaria, por manera que no se vieron, ni a simple vista ni con gemelos, protuberancias importantes ni grandes proyecciones coronales. La corona arrancaba de latitudes bajas y se extendía pálidamente, formando filetes, hasta distancias enormes de la superficie solar, distancias que no bajaban de dos millones de kilómetros. Los haces de rayos polares faltaron por completo, visualmente. Y no obstante esta debilidad coronal, fue visible dicha aureola desde algunos segundos antes hasta algunos segundos después de la totalidad, y no solo a la vista natural, sino al través de lentes fuertemente obscuros.

Además de sus artículos, Comas y Solà dejaba como testimonio una película del «espectro relámpago», con cien fotogramas que ocupaban veinte segundos de filmación, que describen «con toda su belleza y su esplendidez cómo las rayas de absorción van cambiando de aspecto, desaparecen, y surgen maravillosamente los arcos cromosféricos y luego se ocultan tras la cortina de luz». Esa película, lamentablemente se ha perdido. Como hay quien ha planteado dudas sobre su posible existencia, diré que hay constancia de que fue proyectada en la Junta General Ordinaria del 29 de abril de 1912 de la Reial Acadèmia de Ciències i Arts de Barcelona (RACAB). En el acta de dicha sesión se hace constar: «El Académico D. José Comas Solà dio cuenta verbalmente de [que] ... La totalidad fue, sensiblemente, completa e instantánea. Proyectóse ante los señores académicos la película espectral obtenida por el autor en los alrededores de la totalidad, mostrando el espectro relámpago y una porción de interesantes detalles que serán objeto de ulterior estudio».

ALBERT EINSTEIN SE HACE FAMOSO

El eclipse más importante de la historia de la física tuvo lugar el 29 de mayo de 1919. Veamos por qué. La revista *Annalen der Physik* había publicado en marzo de 1916 un artículo de Albert Einstein titulado «Die Grundlage der allgemeinen Relativitätstheorie» («Los fundamentos de la teoría general de la relatividad»). La principal novedad del mismo no estaba en la idea relativista, que había sido planteada por el joven físico ya diez años antes, sino en aplicarla de un modo general. Si con la teoría de la relatividad especial, o restringida, en 1905 Einstein había puesto en duda la existencia de un tiempo y un espacio absolutos —como los había imaginado y definido Newton—, en esta nueva publicación ampliaba sus dudas; ahora

Fotografía del eclipse de 1919 tras la aplicación de técnicas de procesamiento de imagen en la copia de la placa, incluyendo restauración de la imagen y reducción de ruido. Además de la corona solar, se observa una gigantesca prominencia saliendo de la parte superior derecha del Sol. Se señalan con círculos las estrellas de Tauro que fueron utilizadas para confirmar las predicciones de la relatividad general [ESO/Landessternwarte Heidelberg-Königstuhl/F. W. Dyson, A. S. Eddington, & C. Davidson].

planteaba que también la gravedad, la fuerza común a toda la materia, la que gobierna los movimientos de los cuerpos celestes y la caída de los terrestres, está sometida a la relatividad, y de hecho no es más que una propiedad del espacio-tiempo de cuatro dimensiones, que aparece como consecuencia de su deformación por la presencia de una masa. El modelo de una deformación bidimensional para imaginar la idea de Einstein es bien conocido: una sábana tensa colocada horizontalmente se deforma si en ella colocamos una bola de billar; vemos que la superficie de la sábana aumenta y entonces atrae al lugar donde se encuentra la bola de billar a una canica que pongamos en sus proximidades. Si imaginamos una sábana mucho más grande podrá contener más de una bola

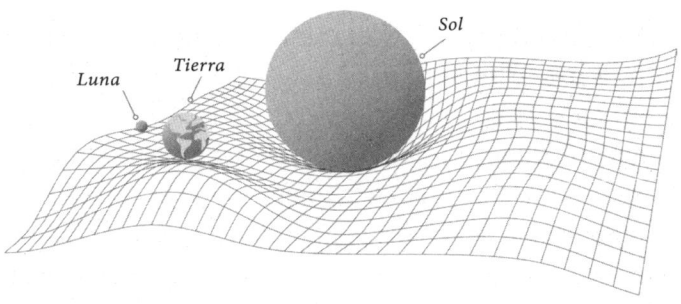

Representación de la curvatura del espacio-tiempo causada por la masa de los cuerpos celestes según la teoría de la relatividad general de Einstein, donde la gravedad no es una fuerza sino una deformación geométrica del tejido espacio-temporal que determina el movimiento de los objetos y la trayectoria de la luz. [Anshuman Rath/Shutterstock].

suficientemente separadas, y podrían ser una de billar y otra de golf, por ejemplo, y cada una podría crear su propia deformación (su propio campo gravitatorio). Al publicar la teoría general de la relatividad Einstein ya había indicado que, para corroborar su validez habían de cumplirse tres condiciones imprescindibles, que suponían el servir de explicación a tres hechos: la retrogradación del perihelio de la órbita de Mercurio (que como ya hemos visto no respondía a la existencia de ningún planeta interior); en segundo lugar habría de producirse un «corrimiento al rojo» de la luz por efecto de la gravedad intensa, y, en tercer lugar, los rayos de luz habrían de curvarse al pasar cerca de una gran concentración de masa. La anomalía en la órbita de Mercurio fue explicada por el propio Einstein, justificando por qué las órbitas de los planetas no son exactamente como habían calculado Kepler y Newton, y ello no es porque exista una atracción, sino porque la distorsión del tiempo y el espacio es una realidad; al estar cerca de un objeto de gran masa el tiempo pasa más lentamente. Einstein también predijo el mismo efecto en las órbitas de los demás planetas, lo que se comprobó posteriormente. El segundo hecho, el corrimiento al rojo, o sea que la luz cambia de color acercándose a longitudes de onda más largas, está previsto por la relatividad general en el caso de la luz emitida por una enana blanca, debido a la distorsión producida por una estrella muy pequeña y de masa elevada, que hace ralentizar el tiempo y dilatar el espacio en la propia luz que emite. Este efecto fue confirmado en 1954 por el astrofísico estadounidense Daniel M. Popper. La tercera condición, que una masa grande —como la del Sol— ha de curvar la trayectoria de la luz, porque la gravedad en sí es una curvatura del espacio-tiempo, debería poder observarse durante un eclipse de Sol.

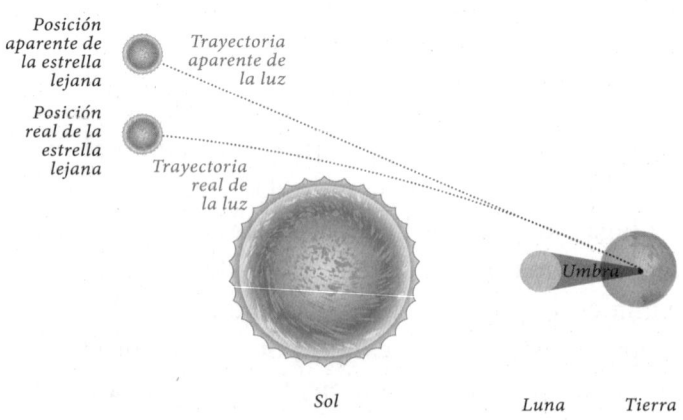

Posición aparente de la estrella lejana

Trayectoria aparente de la luz

Posición real de la estrella lejana

Trayectoria real de la luz

Umbra

Sol   Luna   Tierra

Ya en 1911 Einstein había publicado un artículo «Sobre la influencia de la gravedad en la propagación de la luz», en donde explicaba que en un eclipse de Sol podría medirse la desviación de la posición aparente de una estrella si su luz pasaba cerca del borde solar. En ese artículo Einstein hizo un cálculo de la desviación, que luego corregiría en 1915; las estimaciones relativistas definitivas cifraban en 1,75 segundos de arco la desviación de los rayos luminosos que rozasen la corona solar (para darnos una idea recordemos que el Sol tiene un tamaño aparente de unos 32 minutos de arco, es decir 1920 segundos de arco). Como consecuencia de la idea de Einstein, tuvieron lugar varias iniciativas para tratar de verificar esa desviación durante eclipses totales, entre ellas en 1914 y 1918, que quedaron frustradas, la primera por la Guerra Mundial y la segunda por las condiciones meteorológicas.

Hemos de recordar que por entonces Albert Einstein no era conocido por el gran público. Sus ideas eran difíciles de entender, y eran pocos en el mundo quienes comprendían aquello de la deformación del espacio-tiempo, y menos aún podían imaginar que como consecuencia hasta los rayos de luz se verían desviados si pasaban cerca de un objeto masivo. La idea relativista era todo un desafío a una mecánica newtoniana que había triunfado frente a las ideas aristotélicas; que había funcionado durante siglos, y que era el paradigma sobre el que se asentaba la física. El planteamiento del joven Einstein era una auténtica revolución, y por ello había científicos interesados en comprobar la validez de ese reto, como —por motivos bien distintos— los británicos Arthur S. Eddington, astrofísico y director del Observatorio de Cambridge, y Frank Dyson, Astrónomo Real y director del Observatorio de Greenwich. Eddington era —dicen— de los pocos físicos en el mundo que entendían la relatividad, y estaba entusiasmado con la idea de poder verificar esa teoría revolucionaria; también era un hombre pacifista e internacionalista, que creía que la construcción de la ciencia no debe tener fronteras. Por su parte, Dyson era, como muchos astrónomos, escéptico con la relatividad general, pero como también era nacionalista resultaba que en aquel momento, para más inri, los alemanes todavía eran percibidos en Inglaterra como el enemigo (en 1918 Einstein recuperó la nacionalidad alemana). La teoría de Newton —pensaba Frank— debería ser tratada con más respeto que el mostrado por aquel joven. Para certificar que estaba equivocado nada mejor que un eclipse total de Sol.

El eclipse del día 29 de mayo de 1919 ofrecía unas condiciones óptimas, pues el Sol estaría en una zona del cielo donde había estrellas brillantes, como las del cúmulo abierto de las Híades (en la constelación de Tauro, donde forman una V junto con Aldebarán y sugieren la cara del toro), sería un eclipse largo (casi siete minutos de duración) y con la Luna muy grande, pues estaba a menos de un día del perigeo.

Frank Dyson comenzó en 1917 los preparativos para estudiar la supuesta desviación de los rayos durante ese eclipse basándose en el experimento diseñado por Eddington, quien ya había comenzado a interesarse por la relatividad el año anterior. Se realizarían dos expediciones, a ambos lados del Atlántico, para incrementar las garantías de buen tiempo, a sendos lugares de la zona ecuatorial donde el eclipse era total. Una de ellas, comandada por Eddington, iría a la isla de Príncipe, en el golfo de Guinea y entonces perteneciente a Portugal, y la otra cruzaría el Atlántico hasta Sobral, al nordeste de Brasil (lugar donde por cierto ahora existe el Museu do Eclipse de Sobral, ubicado en la misma plaza en que tuvo lugar la observación de entonces); esta estaba integrada por el astrónomo irlandés Andrew Crommelin y el calculista experto en telescopios Charles Davidson, ambos del Observatorio de Greenwich. Frank Dyson no viajó con ellos, por razones que no he podido averiguar, pero a pesar de esta ausencia tenemos que reconocerle el haber inventado cinco años después la señal de seis «pips» para concretar la hora en una retransmisión de la BBC (seis pitidos con una frecuencia de 1 kHz que van distanciados un segundo, los cinco primeros son de una décima de segundo de duración y el último de ellos dura medio segundo). Hoy son así las señales horarias en emisoras de radio de todo el mundo.

Llegado el día, las condiciones meteorológicas fueron al fin favorables en ambas estaciones (algo peor en isla de Príncipe), y durante el tiempo que duró la fase total del eclipse pudieron tomarse numerosas fotografías (placas de vidrio de 18x24 cm) de hasta doce estrellas en las proximidades de la corona solar. Al comparar sus posiciones con las que esas mismas estrellas tienen habitualmente pudo medirse que la desviación observada era la prevista por Einstein en 1915. ¡Bingo!

El 30 de octubre de ese mismo año, Dyson, Eddington y Davidson enviaron para su publicación en las *Philosophical Transactions of the Royal Society* un notable artículo con el título «Cálculo de la desviación de la luz por el campo gravitatorio del Sol, a partir de observaciones hechas en el eclipse total del 29 de mayo de 1919». El día 6 de noviembre tuvo lugar en la Burlington House de Londres una histórica reunión conjunta de la Royal Society y la Royal Astronomical Society, presidida por J.J. Thomson (el descubridor del electrón) para tratar exclusivamente el tema. Esa reunión fue desencadenante para que aquella noticia desbordase los ámbitos de la ciencia y llegase a la opinión pública. El día siguiente el *The Times* londinense desplegaba titulares como «Revolución en la ciencia», «Nueva teoría del universo» y «Las ideas newtonianas superadas», y tres días después hacía lo propio *The New York Times*, con

La coronación solar de Einstein [ilustración realizada por Moncho Núñez con IA generativa].

un gran titular: «EINSTEIN THEORY TRIUMPHS» («LA TEORÍA DE EINSTEIN TRIUNFA»), donde califica la noticia como «quizás el mayor de los logros en la historia del pensamiento humano». Tras declarar así el éxito de la teoría de Einstein, el periodista corresponsal en Londres afirmaba: «Los esfuerzos por expresar la teoría de Einstein de forma comprensible para el público no científico... hasta ahora no han tenido mucho éxito». Pronto la noticia corrió por todo el mundo, y Albert Einstein se hizo famoso, se coronó.

Para terminar este capítulo en otro tono, cuento que el eclipse total de Sol más largo del siglo XX ocurrió el 20 de junio de 1955, con siete minutos y ocho segundos, y fue visible en zonas de Sri Lanka, Myanmar, Tailandia, Camboya, Vietnam y Filipinas. Añado para los impacientes que un eclipse solar total, incluso más largo, ocurrirá el 16 de julio de 2186 y durará siete minutos y veintinueve segundos; será visible en zonas de los actuales territorios de Colombia, Venezuela y Guyana. Es cosa que no volverá a ocurrir hasta dentro de cuatro mil años; estoy seguro de que así será, aunque el que suscribe y muchos de los lectores no lo vean. A este respecto diré que, en general, los eclipses tienen mayor duración en lugares próximos al ecuador, y también que los eclipses de verano en el hemisferio norte son más largos debido a que el Sol tiene un menor tamaño aparente, pues está más lejos. También los eclipses anulares (cuando la Luna está pequeña por hallarse más lejos de nosotros, y no cubre todo el disco solar) pueden durar hasta más de doce minutos, pero no son lo mismo.

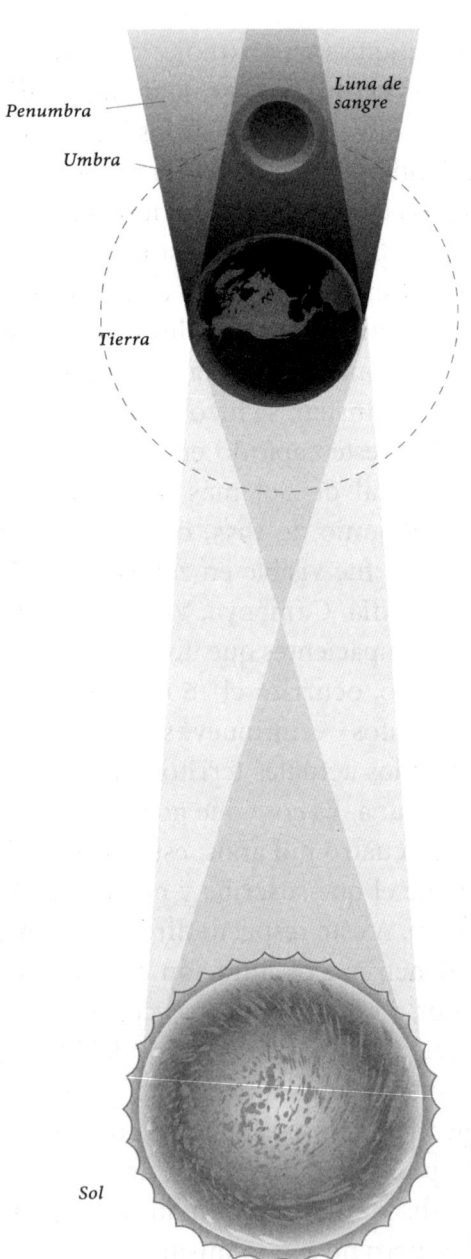

Penumbra

Luna de sangre

Umbra

Tierra

Sol

VIII. ADENDA, CON ALGUNOS ECLIPSES DE LUNA Y EL (AUTÉNTICO) HUEVO DE COLÓN

El navegante Cristóbal Colón realizó su cuarto y último viaje cuando ya tenía cincuenta y un años y andaba achacoso, partiendo de Cádiz el 11 de mayo de 1502. Lo hizo con cuatro naves, las carabelas Santa María (la Capitana) y Santiago de Palos, junto con los navíos El Gallego y El Vizcaíno; la tripulación estaba compuesta por 144 hombres, donde había también adolescentes, entre los que estaba su hijo Hernando, de trece años. El objetivo de la empresa era encontrar un paso marítimo entre los territorios descubiertos en sus anteriores viajes (la práctica totalidad de las islas del Caribe y la tierra continental al norte de la actual Venezuela) y las islas de las especias que se sabía existían al Oriente, próximas a Cipango (Japón). En 1499 el portugués Vasco de Gama había descubierto cómo llegar al paraíso de las especias desde Europa navegando hacia el este, bordeando África por el cabo de Buena Esperanza, y Colón quería encontrar una ruta más directa viajando hacia el oeste. En el Nuevo Mundo la única isla colonizada entonces era La Española, donde hoy están Haití y la República Dominicana. Dado el comportamiento pasado de Colón en esa isla (con torturas, mutilaciones y ejecuciones de indígenas), en la concesión del permiso para este cuarto viaje, entre otras condiciones, como no poder tomar esclavos, se le incluía la prohibición expresa de pisar La Española.

En este viaje los expedicionarios tomaron tierra por primera vez en la costa central del nuevo continente (actualmente territorios de Honduras, Nicaragua, Costa Rica y Panamá), y hasta buscaron un paso hacia el oeste por la zona donde siglos después se construiría el canal, aunque el descubrimiento del otro océano habría de esperar más de diez años, hasta que lo vio Núñez de Balboa en 1513. Debido probablemente (hay fuentes que sugieren otros organismos agresivos) a la epidemia de una terrorífica almeja, la broma o gusano de barco (*Teredo navalis*), que iba agujereando las maderas, Colón se vio obligado a abandonar los dos navíos y terminó por encallar sus dos carabelas en la costa norte de Jamaica, a donde llegaron a duras penas el 25 de junio de 1503. Eran entonces 116 hombres, náufragos en una isla sin colonizar, donde montaron un campamento con los restos de las naves. Colón organizó en el primer momento el envío de una embajada que iría en dos canoas hasta La Española, al mando de Diego Méndez de Segura, para solicitar un navío que acudiera a su rescate. En su carta a los monarcas, fechada en 7 de julio, solicita lo siguiente:

> *Si place a Vuestras Altezas de me hacer merced de socorro un navío que pase de sesenta y*

cuatro, con doscientos quintales de bizcochos y algún otro bastimento, bastar para me llevar a mí y a esta gente a España. De La Española en Jamaica ya dije que no hay veintiocho leguas. A La Española no fuera yo, bien que los navíos estuvieran para ello. Ya dije que me fue mandado de parte de Vuestras Altezas que no llegase a ella. Si este mandar ha aprovechado, Dios lo sabe. Esta carta envío por vía y mano de indios: grande maravilla será si allá llega.

Al principio, los nativos jamaicanos acogieron bien a los náufragos, proporcionándoles alimento y refugio, pero a medida que los días se convertían en semanas, la tensión entre los grupos aumentó. Finalmente, después de más de seis meses, la mitad de la tripulación de Colón se amotinó, robando a los aborígenes, violando a una indígena y logrando el rechazo de quienes por otra parte también se habían cansado de suministrar mandioca, maíz y pescado a cambio de pequeños silbatos de hojalata, cascabeles, baratijas y otros productos similares. Ante la amenaza de la hambruna, Colón se propuso un plan desesperado, aunque ingenioso, propio de un embaucador acreditado.

Para ello contó con la fundamental colaboración de una publicación de un importante matemático, astrónomo y astrólogo alemán que ya hemos citado en un capítulo anterior, Johannes Müller von Königsberg, conocido por su apodo en latín, Regiomontanus (*Königsberg* = montaña regia). Este libro de setecientas páginas, publicado poco antes de su muerte y titulado *Kalendarium* (Venecia, 1476) estaba destinado a los astrólogos, pero resultó ser de gran valor para los marinos. Ese calendario proporcionaba información sobre eclipses lunares y solares, así como la duración de los días y las posiciones de los planetas con respecto a las constelaciones del Zodíaco. Tras su publicación, ningún marinero se atrevió a partir sin un ejemplar. Con su ayuda, los exploradores podían aventurarse por mares desconocidos.

Colón, por supuesto, llevaba consigo una copia de ese primer calendario cuando encalló en Jamaica. Y pronto descubrió, al estudiar sus tablas, que el bisiesto jueves 29 de febrero de 1504 se produciría un eclipse total de Luna poco después de la puesta de

Indígenas asombrados por el eclipse de Luna predicho por Colón. Ilustración tomada de *A New Universal Collection of Authentic and Entertaining Voyages and Travels*, de Edward George Cavendish, 1770.

Sol. Cuando la situación de hambre ya era desesperada, tres días antes del eclipse, y según el relato de Diego Méndez, Colón «hizo llamar a todos los caciques y les dijo que se extrañaba de que no le llevaran comida como solían hacerlo, sabiendo, como les había dicho, que había venido allí por mandato de Dios». Les explicó que los españoles creían en un solo Dios que vivía en los Cielos, premiando a los buenos y castigando a los malos. Ese Dios, les advirtió, estaba a punto de castigarlos con peste y hambruna si no les proporcionaban alimentos; como señal de su intención, desplegaría una señal en el cielo: la desaparición de la Luna, que se volvería roja como la sangre. Al oír aquello, algunos indígenas sentían temor, aunque otros se burlaban.

En la fecha señalada, mientras el Sol se ponía por el oeste y la Luna comenzaba a emerger por el horizonte oriental, pronto fue evidente para todos que algo andaba mal. Para cuando la Luna apareció en su totalidad, le faltaba el borde inferior. Y poco más de una hora después exhibía un aspecto inquietantemente «sangriento»: en lugar de la normalmente brillante luna llena de finales del invierno, ahora aparecía un tenue disco rojo en el cielo oriental. Hoy sabemos que esa «luna de sangre» o coloración rojiza del satélite es un fenómeno atmosférico, como explicó por vez primera Kepler en su *Epítome de astronomía copernicana* (1691).

Según describe Hernando, el hijo de Colón, en su *Historia del Almirante*, los nativos se aterrorizaron ante esa visión y «con grandes aullidos y lamentaciones acudieron corriendo de todas direcciones a los barcos cargados de provisiones, rogando al almirante que intercediera ante su dios por ellos». Prometieron cooperar con Colón y sus hombres si este restauraba la Luna a su estado normal. El almirante les dijo a los nativos que para ello tendría que retirarse para conversar en privado con su dios. Luego se encerró en su camarote durante cincuenta minutos. Aquel «dios» de Colón era un reloj de arena que él iba girando para cronometrar la duración del eclipse, de acuerdo con los cálculos del almanaque de Regiomontanus. Minutos antes del final de la fase total, Colón salió para anunciar a los nativos que su Dios les había perdonado y que permitiría el regreso gradual de la Luna. Para general admiración, la Luna comenzó a reaparecer lentamente y los agradecidos nativos se marcharon aliviados. Mantuvieron a Colón y a sus hombres bien abastecidos y alimentados hasta que finalmente llegó una carabela de relevo procedente de La Española el 29 de junio. De los 110 miembros de la expedición que quedaban vivos, treinta y ocho hombres decidieron no regresar a España. El 11 de septiembre de 1504 Cristóbal Colón y su hijo Hernando se embarcaron en una carabela comercial para regresar a España, pagando sus pasajes correspondientes.

EL TRUCO DE LOS ECLIPSES EN LA FICCIÓN

Como interesante posdata de esta historia, en la novela *Un yanqui en la corte del rey Arturo* (1889), Mark Twain hace retroceder en el tiempo 1300 años al protagonista, Hank Morgan, ubicándolo en Camelot, capital de la Bretaña, en tiempos del rey Arturo y los caballeros de la mesa redonda. Morgan pronto despierta los inevitables recelos, por su modo de vestir (él seguía con la moda del siglo xix) y porque le cae mal al mago Merlín. En el capítulo quinto de la novela se cuenta cómo, tras ser condenado a morir en la hoguera, Morgan recordó que precisamente el día de su ejecución tendría lugar un eclipse solar. Cuando iban a quemarlo comenzó a ocultarse el Sol, y entonces él advirtió que o suspendían la ejecución o bien él oscurecería la Tierra para siempre. Como el rey Arturo y todos los habitantes de Camelot obviamente no habían presenciado nunca un eclipse, al comenzar el fenómeno temieron lo peor. El rey mandó detener la quema de Morgan, quien entretuvo al rey hasta que la ocultación finalizara, haciendo creer a todos que el regreso del Sol era debido a sus poderes. La satisfacción del monarca fue tal que nombró a Morgan primer ministro perpetuo. Hasta el mago Merlín estaba celoso porque tenía más poderes extraordinarios que él.

Twain concreta ese episodio en el día 21 de junio del año 528, y hasta precisa que fue tres minutos después del mediodía. Tengo que hacer constar que históricamente ese día no hubo ningún eclipse de Sol, en ninguna parte del globo; era imposible porque en esa fecha habían pasado tres días después de la luna llena. Puede extrañarnos esa circunstancia, sobre todo porque Samuel Clemens (nombre real de Mark Twain) era persona muy interesada en la ciencia y la tecnología. Vale que el rey Arturo de Bretaña sea un personaje de leyenda y no necesite de eclipses históricos en una novela, pero ¿podía Twain haber hecho un esfuerzo y buscar un día con eclipse real? Veamos, sin recurrir a la tecnología presente, lo que podría trabajar el novelista. El dato más fiable sobre eclipses totales en la Edad Media proviene de registros del Imperio bizantino, que existió entre los años 330 y 1453 en la costa oriental del Mediterráneo. Según estos hubo eclipses en aquella zona en los años 346, 418, 484, 601 y 693. Ninguna de esas fechas le valdría a Twain para sincronizarlo con el rey Arturo, ni tampoco sería posible garantizar que la sombra de uno de esos alcanzase la Bretaña. En cualquier caso, aunque resulte imposible, hay que reconocer que el hecho de poner una fecha concreta proporciona al relato de Clemens un aire de verosimilitud.

SOBRE EL HUEVO DE FILIPPO BRUNELLESCHI

Puestos a diseccionar historias y realidades, una vez acreditada convenientemente la anécdota de Colón salvado por el eclipse (y su ingenio), me viene a la memoria el relato sobre el «huevo de Colón» que todo el mundo conoce. Hoy nadie duda de que se trata de algo apócrifo, pero la realidad es que esa historia colombina se remonta al año 1565, donde aparece publicada en la *Historia del Nuevo Mundo*, una obra plagada de inexactitudes y firmada por el explorador, viajero y comerciante italiano Girolamo Benzoni, dotado habitualmente de una agresiva actitud antiespañola, que fue convenientemente fustigada por Francisco de Quevedo. Benzoni relata así la anécdota del ahora famoso huevo:

> *Estando pues Colón en un banquete con muchos nobles españoles, donde discutían (como es costumbre) sobre las Indias, uno de ellos dijo: «Señor Cristóbal, aunque usted no hubiera descubierto las Indias, no faltaría que intentase lo mismo algún otro aquí en nuestra España, que está llena de grandes hombres juiciosos, cosmógrafos y sabios». Colón no respondió a estas palabras, pero, tras pedir que le trajeran un huevo, lo puso sobre la mesa diciendo: «Caballeros, apuesto con cualquiera de ustedes a que no conseguirán que este huevo se mantenga derecho como lo haré yo, sin apoyarlo en nada». Todos lo intentaron, pero nadie logró ponerlo en pie. En cuanto llegó a manos de Colón, lo golpeó contra la mesa, aplastando un poco la punta; ante lo cual todos se asombraron, comprendiendo lo que quería decir: que a posteriori todos saben cómo hacerlo, que debían haber buscado primero las Indias, y no reírse de quienes las buscaron primero, como se habían reído y considerado como cosa imposible.*

Esa misma anécdota, que Benzoni utiliza para ridiculizar a los nobles españoles, ya había sido contada quince años antes por Giorgio Vasari (*Las vidas de los más excelentes arquitectos, pintores y escultores italianos*, 1550), quien la refiere al gran arquitecto Filippo Brunelleschi, artífice de la impresionante cúpula que es icono del Renacimiento en la catedral de Florencia. El duomo se había comenzado en 1296, pero más de un siglo después la techumbre presentaba un gran hueco en la zona del crucero, de unos cuarenta y cinco metros de diámetro, esperando la construcción de una cúpula en consonancia con la grandiosidad del templo. En 1418 las autoridades florentinas decidieron poner fin a la espera y convocaron un concurso para construir la cúpula de Santa María del Fiore, conscientes de que había que afrontar numerosos problemas. Brunelleschi afirmó que podía hacer una cúpula sin apoyarla en columnas y construirla sin grandes andamios sobre el suelo, sin usar armazón y a un costo menor que los demás arquitectos. Cuando se le pidió que explicara los detalles del método que pretendía utilizar para realizarlo, supuestamente retó a sus competidores a hacer que un huevo se mantuviera en pie sobre una mesa. Así lo cuenta Vasari:

> *Quien colocara un huevo en posición vertical sobre una losa de mármol plana construiría la cúpula, pues así se demostraría su ingenio. Se tomó un huevo y todos los maestros intentaron colocarlo en vertical, pero nadie lo consiguió. Le*

dijeron a Filippo que lo enderezara, y él, con habi-
lidad, lo tomó y, dándole un golpecito contra la
losa de mármol, lo dejó de pie. Cuando los demás
se quejaron de que ellos harían lo mismo, Filippo
respondió entre risas que también podrían cons-
truir la cúpula, viendo su modelo o su diseño.

También debo hacer constar que el propio Vasari (que escribe un siglo después) añade que solo se enteró del episodio de oídas.

ALGUNOS ECLIPSES DE LUNA QUE HAN PASADO A LA HISTORIA

Como ya he mencionado, aunque los eclipses de Luna son menos frecuentes que los de Sol, su observación es más probable, pues pueden contemplarse desde cualquier punto de la Tierra, y son mucho menos espectaculares, salvo el detalle de la «luna de sangre». A lo largo de la historia, se ha hecho a eclipses lunares responsables de batallas perdidas y atribuido el posibilitar hechos extraordinarios. Estos son algunos de los que han alcanzado mayor relevancia:

9 de octubre de 425 a. C.

En su comedia *Las nubes* (419 a. C.), el ateniense Aristófanes, además de hacer una caricatura de Sócrates y criticar por corrupción y demagogia a políticos influyentes, como Cleón de Atenas, que fue el primer demagogo tras la muerte de Pericles, describe el eclipse lunar que tuvo lugar seis años antes: «la Luna abandonó su rumbo y el Sol en seguida veló su rayo amenazando con no darte más luz, si Cleón se convertía en general». Advierto que Cleón llegó a general y había muerto en batalla en 422 a. C.

28 de agosto de 413 a. C.

Este eclipse ocurrió durante la Segunda Batalla de Siracusa (Sicilia), cuando los siracusanos se defendieron con éxito ante el ataque ateniense; justo cuando estos se preparaban para zarpar de regreso a casa. Al frente estaba el general Nicias, un héroe de la guerra del Peloponeso, pero descrito por el historiador militar Tucídides como un hombre supersticioso. En la derrota aplastante de los atenienses parece que influyó la Luna. En sus *Vidas paralelas* (comienzos del siglo II) Plutarco describió este eclipse: «Y cuando todos estaban preparados, y ninguno de los enemigos los había observado, sin esperar tal cosa, la Luna se eclipsó en la noche, para gran espanto de Nicias y otros, quienes, por falta de experiencia, o por superstición, sintieron alarma ante tales apariciones».

20 de septiembre de 331 a. C.

En su *Historia Natural*, escrita alrededor del año 77 d. C., Plinio el Viejo se refiere al eclipse lunar de este día cuando, al citar la victoria más importante de Alejandro Magno, la batalla de Gaugamela (cerca de Arbela y el actual Mosul, en Irak), escribe: «Se dice que la victoria de Alejandro Magno provocó un eclipse de Luna en Arbela al atardecer, mientras que el mismo eclipse en Sicilia se produjo justo cuando la Luna estaba saliendo... esto fue porque la curvatura del globo revela y oculta fenómenos diferentes en cada lugar.

Otra descripción de este mismo eclipse (*Historiae Alexandri Magni Macedonis*, Quinto Curcio Rufo, siglo I) dice: «Pero al comenzar a ver la Luna en eclipse, al principio ocultó el brillo de su cuerpo celeste, luego toda su luz se manchó y se tiñó del color de la sangre».

23 de noviembre de 755

Esta noche, una luna eclipsada coincide además con una ocultación de Júpiter, y Simeón de Durham, un monje benedictino que fue cronista en el siglo XII en una abadía al norte de Inglaterra, lo narra así: «La Luna se cubrió de un color rojo sangre el octavo día antes de las calendas de diciembre, cuando tenía quince días, es decir, la luna llena; y luego la oscuridad disminuyó gradualmente y recuperó su brillo original. Y, asombrosamente, una estrella brillante que seguía a la Luna la atravesó, y tras recuperar su brillo (la Luna), apareció (Júpiter) a la misma altura que estaba antes de oscurecerse».

22 de mayo de 1453

Este eclipse parcial de Luna tuvo lugar una semana antes de la caída de Constantinopla, capital del Imperio bizantino, tras el asedio del ejército del Sultán otomano Mehmed II que duró desde el 5 de abril de 1453 hasta el 29 de mayo. Se creyó que ese eclipse, que duró tres horas, era la materialización de una profecía de Constantino XI, el último emperador romano de Oriente, sobre la desaparición de la ciudad, que había dicho sobreviviría «mientras la Luna brillase en el cielo». Con la caída de Constantinopla en poder de los turcos dimos por finalizada la Edad Media.

6 de abril de 1670

Por primera vez desde la adopción del calendario gregoriano, en 1582, tiene lugar un eclipse parcial de Luna, y coincide precisamente en domingo de Pascua. Ello tiene su significado especial si recordamos que la Pascua cristiana se celebra el domingo que sigue a la primera luna llena tras el equinoccio de primavera.

Agradecimientos

A las personas que leyeron el texto original y realizaron valiosas aportaciones al mismo: Bibiana García Visos, Fernando Jáuregui, Marcos Pérez Maldonado; a mi editor, Antonio Cuesta, y a todos los escolares con los que compartí sesiones de planetario en los primeros años de la Casa de las Ciencias, gracias a cuyas preguntas aprendí a amar la astronomía.

Este libro terminó de escribirse cuando
faltaban nueve meses para el eclipse
total de Sol del 12 de agosto de 2026,
el primero total visible en buena parte
de España en más de cien años. La
ocultación solar se producirá al atardecer, en los lugares más al este ya en
interacción con el crepúsculo. Horas
más tarde, cuando llegue la noche, el
máximo de las perseidas asombrará de
nuevo el firmamento nocturno, con la
oscuridad que garantiza la luna nueva.
Este evento será el primero de una
serie de tres eclipses importantes visibles en España en un corto período de
tiempo: el total de 2026, otro total en
2027 y uno anular en 2028.